SITZUNGSBERICHTE DER DEUTSCHEN AKADEMIE
DER WISSENSCHAFTEN ZU BERLIN

Klasse für medizinische Wissenschaften

Jahrgang 1951 Nr. 3

JOHANNES DOBBERSTEIN

ZUR STATISTIK DER GESCHWÜLSTE BEI TIEREN

1953

AKADEMIE-VERLAG · BERLIN

Vorgetragen in der Sitzung vom 15. November 1951
Manuskript eingeliefert am 19. September 1952, ausgegeben am 20. März 1953

Erschienen im Akademie-Verlag GmbH., Berlin NW 7, Schiffbauerdamm 19
Veröffentlicht unter der Lizenznummer 1218
des Amtes für Literatur und Verlagswesen der Deutschen Demokratischen Republik
Satz und Druck der Druckerei „Thomas Müntzer" Langensalza, Werk Langensalza
Bestell- und Verlagsnummer 2010/51/II/3
Preis: DM 4,30
Printed in Germany

Den Geschwülsten der Haustiere kommt in der praktischen Veterinärmedizin aus naheliegenden Gründen bei weitem nicht die Bedeutung zu wie beim Menschen. Um so größer war von jeher das Interesse, das man ihnen von humanmedizinischer Seite entgegenbrachte, wobei man in erster Linie den Fragen der Häufigkeit und der Ätiologie besondere Aufmerksamkeit widmete. Eine vergleichende Betrachtung der Geschwülste kann aber nur dann zu brauchbaren Ergebnissen führen, wenn das dem Vergleich zugrunde liegende Material mit der nötigen Kritik ausgewählt worden ist. Das trifft aber für die bisherigen Arbeiten nicht immer zu. Im folgenden soll versucht werden, einen Überblick über die Geschwülste unserer Haussäugetiere zu geben und auf gewisse Voraussetzungen hinzuweisen, die bei einer vergleichenden Betrachtung unbedingt berücksichtigt werden müssen. Daß eine auf einer tragfähigen Unterlage aufgebaute vergleichende Onkologie auch für das Verständnis der Geschwülste des Menschen von großem Wert sein kann, bedarf keiner besonderen Begründung. Während man noch im 18. Jahrhundert im Zweifel darüber war, ob Geschwülste überhaupt bei Tieren vorkommen, kam man im 19. Jahrhundert zu der Erkenntnis, daß mindestens beim Säugetier echte Geschwülste vorkommen. Aber noch um die Mitte des vergangenen Jahrhunderts lehnte man das Vorkommen von Krebs beim Vogel ab (LEBLANC).

I. Übersicht über die bisher vorliegenden Arbeiten auf dem Gebiet der tierischen Geschwülste

a) Zusammenfassende, alle Geschwulstformen berücksichtigende Arbeiten

Die erste größere, zusammenfassende und statistisch ausgewertete Arbeit über die Geschwülste der Tiere stammt von CASPER aus dem Jahre 1899. Für das französische Schrifttum wurden entsprechende Zusammenstellungen von CADIOT (1899) und PETIT (1910) veröffentlicht. Diese älteren Arbeiten haben heute nur noch ein historisches Interesse. Das in ihnen zusammengetragene Material ist nicht immer mit der notwendigen Kritik gesichtet worden, was bei der damals noch sehr unzureichenden Kenntnis nicht nur der tierischen Geschwülste, sondern der Geschwülste ganz allgemein, zum Teil auch noch gar nicht möglich war.

Die nächste umfassende Zusammenstellung über die tierischen Geschwülste stammt von FÖLGER aus dem Jahre 1917. FÖLGER hat die in der Literatur enthaltenen Fälle bereits kritisch gesichtet und die Richtigkeit der Diagnose in gewissen Fällen mit Recht, angezweifelt. Eine weitere umfassende Bearbeitung der tierischen Geschwülste hat dann TEUTSCHLAENDER 1920 vom Gesichtspunkt der vergleichenden Onkologie durchgeführt. Die Fähigkeit der Geschwulstbildung kommt nach ihm allen Vertebraten, mit Ausnahme der Cyclostomen zu. Der „phylogenetische Terminationspunkt" der Geschwulstbildung ist nach TEUTSCHLAENDER an der Grenze zwischen Wirbeltieren und Wirbellosen zu suchen. Es werden ferner in dieser Arbeit bereits eingehend die pathogenetischen, ätiologischen und statistischen Probleme der tierischen Geschwülste besprochen.

Schließlich sind aus neuester Zeit noch einige Arbeiten zu erwähnen. 1932 hat FELDMAN unter besonderer Berücksichtigung der Literatur in den USA eine Zusammenstellung der tierischen Geschwülste gegeben. Für Frankreich hat

COURTEAU 1935 eine Übersicht der spontanen Geschwülste bei den Haussäugern zusammengestellt. Er weist dabei auf die unterschiedlichen Ergebnisse zwischen Klinik- und Sektionsstatistik hin und auf die Bedeutung die der Populationsgröße einer Tierart für die Beurteilung der Häufigkeit der bei ihr auftretenden Geschwülste zukommt. Als weitere französische Arbeit ist die von FONTAINE aus dem Jahre 1938 zu erwähnen, die sich besonders mit statistischen Fragen beschäftigt, wobei allerdings die Kasuistik nicht immer kritisch genug bewertet wird. Schließlich ist aus dem Jahre 1949 noch eine kurze zusammenfassende Darstellung von DOBBERSTEIN hier anzuführen, der zu der Schlußfolgerung kommt, daß es sich bei den Geschwülsten der Tiere und des Menschen um wesensgleiche Vorgänge handelt.

b) Arbeiten über bösartige Geschwülste der Tiere unter besonderer Berücksichtigung der Karzinome

Bereits 1899 hat M'FADYEAN eine Zusammenstellung über 63 von ihm untersuchte Fälle von „cancer“ bei verschiedenen Haustieren gegeben. Es wird schon von ihm auf die Seltenheit des Zungen-, Uterus- und Mammacarcinoms bei Tieren hingewiesen. 1901 macht SCHÜTZ auf Grund seiner Sektionsbefunde einige Angaben über die Häufigkeit des Krebses bei den Haustieren.

Die erste umfassende Zusammenstellung über den Krebs der Haussäugetiere stammt von STICKER aus dem Jahre 1902. Auch dieser Arbeit kommt heute praktisch nur noch ein historischer Wert zu, da das ihr zugrunde liegende Material hinsichtlich der Diagnosestellung vielfach nicht mehr modernen Ansprüchen genügt. Das gleiche gilt von der Mitteilung von BASHFORD und MURRAY über das Vorkommen von bösartigen Geschwülsten bei Haustieren. Als nächster hat CADIOT 1907 einen Überblick „sur le cancer chez les animaux“ gegeben, in dem auch Angaben über die Häufigkeit der bösartigen Geschwülste bei den einzelnen Haussäugetierarten gebracht werden. MURRAY gibt 1908 eine Zusammenstellung über 64 bösartige Geschwülste bei den verschiedenen Haustieren. Die bis zum Jahre 1912 auf dem Gebiet der Krebskrankheit der Tiere vorliegende Arbeiten sind dann nochmals von WOLFF in seinem umfangreichen Werk von der Krebskrankheit (Bd. II) zusammengefaßt worden. Nach längerer Pause hat dann LOMBARD 1927 in einer Dissertation „sur les causes du cancer" unter Heranziehung der Statistik den Einfluß von Tierart, Alter, Rasse, Geschlecht auf die Geschwulstentstehung untersucht und sich auch eingehender mit dem Problem der praecancerösen Zustände beim Tier auseinander gesetzt. Schließlich hat DOBBERSTEIN 1937 eine kurze Übersicht über Krebshäufigkeit in den einzelnen Organen bei Pferd, Rind und Hund gegeben.

c) Arbeiten über die Geschwülste einzelner Säugetierarten und der übrigen Wirbeltiere

Die *Geschwülste des Hundes* sind eingehender von AULER und WERNICKE 1932 und besonders von TAPPENBECK 1947 sowie von STÜNZI 1948 bearbeitet worden, wobei TAPPENBECK sich vornehmlich auf das Material des Pathologischen Instituts der Tierärztlichen Hochschule zu Hannover stützt.

Die *Tumoren der Katze* wurden 1924 von FREUNDLICH zusammengestellt.

Eine Übersicht über die *Geschwülste beim Schaf* haben FELDMAN 1931 sowie MANDON (1935) gegeben.

Die *Geschwülste des Kaninchens* sind von SEIFRIED in seinem Buch über die Krankheiten des Kaninchens (1927) weitgehend aufgeführt und von FARDEAU in einer Dissertation 1931 zusammengestellt worden.

Ferner liegt von FOX (1923) eine Monographie über die *Geschwülste bei in Gefangenschaft lebenden wilden Tieren* (Säuger und Vögel) vor.

Die *Geschwülste unseres Wildes* sind in der Monographie von C. Krause über die Krankheiten des Wildes (1939) eingehend berücksichtigt worden.

Die *Geschwülste des Geflügels* sind erstmalig von Joest und Ernesti 1916 und fast gleichzeitig von Pentimalli 1916 zusammengestellt worden. Es folgt dann eine Arbeit von Péchenard „Les tumeurs chez les oiseaux" aus dem Jahre 1926. Im gleichen Jahr erscheint in Utrecht eine Dissertation von Reitsma und 1931 eine Arbeit von Makower, in der bereits etwa 800 Geflügelgeschwülste zusammengetragen werden konnten.

Über die Geschwülste der Kaltblüter liegen aus neuerer Zeit zwei zusammenfassende Arbeiten vor, nämlich die von Peyron (1939) und von Lucké und Schlumberger (1949). Besonders die letztere Arbeit gibt eine ausführliche, auf 135 Literaturstellen sich beziehende Übersicht über die bisher bei Kaltblütern beschriebenen Neoplasmen.

d) Arbeiten, die sich mit den Geschwülsten einzelner Organe bei Säugetieren und Vögeln beschäftigen

Außer den bereits angeführten Arbeiten gibt es in der Literatur noch eine ganze Reihe von Publikationen, die sich mit den Geschwülsten eines ganz bestimmten Organs beim Tier beschäftigen und dabei ebenfalls zusammenfassende Übersichten über die Literatur des betreffenden Gebietes bringen. Da es sich dabei teils um Dissertationen handelt, teils um Arbeiten, die an wenig auffälliger Stelle publiziert sind, möchte ich im folgenden eine Übersicht über die wichtigsten hierher gehörigen Arbeiten geben, wobei ich mich auf Arbeiten aus neuerer Zeit beschränke. Die Zusammenstellung erfolgt nach Organen.

I. Digestionsapparat

1. Obere Verdauungswege: Meyer, W. (1910); Lottermoser (1925); Hartig (1934); Tivollier (1935); Roy (1938); Leonhardt (1941).

2. *Magen:* SÜLZNER (1935); MÜLLER, EWALD (1936); HERDEGEN (1937); DUDZUS (1943).
3. *Darm:* ACHILLES (1907); LUND (1925); SCHLEGEL (1925); STECKENBORN (1933); MÜLLER, EWALD (1936).
4. *Leber und Gallenwege:* STEPHAN (1909); MÖLLER-SÖRENSEN (1918); SCHLEGEL (1933); POINSOT (1934).
5. *Pankreas:* SCHLEGEL (1920); BÜCK (1930); GÜNZEL (1931).
6. *Speicheldrüsen:* STOCKMAYER (1930); GODGLÜCK (1948).

II. Respirationsapparat

1. *Nasenhöhle und Nebenhöhlen:* KÄRNBACH (1909); GODGLÜCK (1950).
2. *Kehlkopf und Luftröhre:* HARMS (1913); WILMES (1938).
3. *Lungen und Bronchien:* LUND (1924); SCHLEGEL (1933); SARRAZIN (1933); MATTHIAS und SCHÜTZLER (1942); BRUNS (1943); SJOLTE (1944); JENNY (1945).

III. Harnapparat

1. *Nieren:* DAY (1908); FELDMAN (1930); NIERMANN (1935); GREMME (1935).
2. *Harnblase und Harnleiter:* SCHLEGEL (1903); LYDING (1909); VOIRIN (1910); COHRS (1927); RÜSCHER (1932); LABRUNE (1938).

IV. Männlicher Geschlechtsapparat

1. *Hoden:* GREMME (1935); THIROT (1937); DIETRICH (1947).
2. *Penis und Praeputium:* KLIEM (1910); LINGENBERG (1912); ROGER (1930).

V. Weiblicher Geschlechtsapparat

1. *Ovarium:* SCHLEGEL (1915); SEUBERT (1915); EBER und KRIEGBAUM (1916); DECARIS (1934); ELTER (1934); WEYEL (1936); WIRTZ (1937).
2. *Uterus:* STILLING und BEITZKE (1913); SCHOLER (1916); JENSEN (1929); WILMES (1935); COLLIGNON (1936); KÖNIG (1937).
3. *Vagina:* KÜST (1912); BREUER (1926); EYER (1929).
4. *Mamma:* STENZEL (1903); DIONET (1931); NIEBERLE (1933); RIEMER (1939); DOBBERSTEIN und MATTHIAS (1942); LAFFOLAY (1946); BRAEMER (1951).

VI. Zirkulationsapparat

MAGNUSSON (1916); SCHÜRMANN (1928); FERRET (1930); ADAMEK (1934).

VII. Endokrine Drüsen

1. *Nebennieren:* KLAWITTER (1907); SCHLEGEL (1908); FÖLGER (1909); STEINKE (1910); PAVLOVITCH (1919); BECK (1922); COHRS (1927); BÜKER (1940); LASZLÓ (1941).
2. *Schilddrüse:* EWALD (1916); REINUS (1931); BRAUN (1933); TESTU (1934); STÜNZI (1948).
3. *Hypophyse:* VALENTA (1911); VERMEULEN (1919).

VIII. Nervensystem

1. *Zentralnervensystem:* CHEVKI (1928); DEXLER (1930); PALLASKE (1935); GRÜN (1936); MILKS und OLAFSON (1936).
2. *Auge:* JAKOB und VEENENDAAL (1926); FREESE (1939); LÉGER (1931).

IX. Knochen und Zähne

1. *Knochen:* SONDERHAUSER (1921); FREESE (1926); CLAASSEN (1936).
2. *Zähne:* SONDERHAUSER (1921); SCHMAL (1942).

X. Sonstiges

1. *Haut:* JAEGER (1910); SCHLEGEL (1912 u. 1914); DEVALLIÈRE (1935); HIERONYMI und BRACHETKA (1942); BLACK (1949).
2. *Lidbindehaut, Palpebra tertia:* PUSCHMANN (1912); QUARANTE (1936); EROMS (1941).
3. *Circumanaldrüsen:* JAEGER (1910); BALL ET GIRARD (1936); BRUGÉ (1946).

Bemerkungen zur Tabelle 1

1. In dieser Zahl sind die bei Schimmelpferden beschriebenen Melanosarkome nicht enthalten, deren Zahl sich allein auf 225 Fälle beläuft. Die Melanosarkome stellen eine ausgesprochene Altersgeschwulst der Schimmel dar, die vor dem 6. Lebensjahr in der Regel überhaupt nicht auftritt, während die über 15 Jahre alten Schimmelpferde bereits zu 80% mit Melanosarkomen behaftet sind. Die von VAN DORSSEN, BUDNOWSKI sowie SAWAITOW näher untersuchten Geschwülste, treten so gut wie ausschließlich bei Schimmelpferden auf (MÖLLMANN). Ihre Entstehung hängt offensichtlich mit dem im Alter auftretenden fortschreitenden Pigmentschwund in den Haaren zusammen. Da es sich hier um eine fast nur den Schimmelpferden zukommende, wahrscheinlich konstitutionell bedingte Geschwulstart handelt, haben wir die Melanosarkome der Schimmelpferde bei unserer Aufstellung nicht berücksichtigt, da anderenfalls

ein völlig falsches Bild über die Häufigkeit der Sarkome beim Pferde entstehen würde.

Bemerkungen zu Tabelle 2

1. In der Literatur finden sich zahlreiche Angaben über Lymphome und Lymphosarkome beim Rinde. In der Regel handelt es sich jedoch in solchen Fällen um die beim Rinde besonders häufig vorkommende Lymphadenose, die als tumorartige Systemerkrankung in der obenstehenden Tabelle aber keine Berücksichtigung gefunden hat.

2. In der älteren Literatur finden sich zahlreiche Angaben über Haemangiome der Leber beim Rinde, doch handelt es sich hierbei meist um multiple Kapillarektasien, die nichts mit Tumoren zu tun haben.

3. Nicht aufgeführt sind in der Statistik die beim Rinde häufig und generalisiert auftretenden Neurofibrome, die der Neurofibromatosis des Menschen entsprechen.

4. Papillome treten beim Rinde häufig enzootisch als übertragbare Krankheit auf (LIESS, MERCHANT, GOTTSCHALK, LORENZ und andere). Hieraus erklärt sich zum Teil die hohe Zahl der Papillome.

5. Nicht berücksichtigt sind hierbei 222 Fälle von Gallengang- und Leberzellkarzinomen, die TROTTER am Schlachthof in Glasgow bei Rindern des irischen Hochlandschlages festgestellt hat. Wenn TROTTER allein viermal so viel Leberkrebse beim Rinde feststellen konnte als die übrigen Autoren zusammen, so hängt das offensichtlich mit Besonderheiten seines Materials (sehr viel Tiere höheren Lebensalters) zusammen. Für die meist schon im Alter von 7—8 Jahren zur Schlachtung kommenden Rinder Deutschlands kann nicht mit einer solchen Häufigkeit des Leberkrebses gerechnet werden.

Bemerkungen zu Tabelle 5

1. In dieser Zahl sind die 86 Fälle von „gutartigem Rundzellensarkom“ nicht mit enthalten.

Tabelle 1. *Übersicht über 1222 Geschwülste des Pferdes*

Geschwulstformen	Sitz der Geschwülste																										Summe	
	Digest. App.				Resp. App.			Harn-org.	♀ Genitalapp.					♂ Genital-app.		Zirk. App.	Nerv.-syst.	Sonstige Organe										
	ober. Dig. Trakt.	Magen-Darmkanal	Leber	Pankreas	Nasenhöhle + Nebenhöhlen	Kehlk. + Luftröhre	Lunge	Niere + abl. Harnwege	Ovar	Uterus	Vagina	Vulva + Clit.	Mamma	Hoden	Penis + Praep.	Herz + Gefäße	ZNS + periph. Nerven	Auge	endokr. Drüsen	Haut	Unterhaut	Muskulatur	Knochen	Milz + Lymphkn.	Sonst. Lokal.	Prim. multipel		
Fibrom	1	2			16		1			1	3			2	15	3	1	4		19	5		13				86	
Myxom		2			2											1											5	
Lipom		1			1						1			2		1		6		1	4				11		28	
Chondrom		3			2	1	1							5													12	
Osteom					14																1		10				25	190
Adamantinom																							11				11	
Haemangiom	1	1			2						1				1	1		1	1	1			1			4	15	
Lymphangiom	1														1						3		1		1		7	
Zwischenzellentumor														1													1	
Sark(me	14	27		3	50	4	2	8	13	1	1	3	1	21	9	4	4	16	5	21	18	3	51	8	17		304 [1)]	
Leiomyom	1	15								2				1													19	23
Rhabdomyom																						2			2		4	
Myosarkom											1				1												2	
Geschw. d. Nervengew.																	15	3	1								19	
Papillom	2	2													11			5		6					1		27	86
Adenom, Fibro-, Cyst-.		6	2		1			5	16						1				28								59	
Karzinome	75	66	9		70	3	19	48	2	6	5	13	16	31	71			61	16	19					16		546	
Mischgeschwülste	1				2		1	3								1									4		12	52
Teratom					2				2					36													40	
Summe:	96	125	11	3	162	8	24	64	33	10	12	16	17	99	110	11	20	96	51	67	31	5	87	8	52	4	*1222*	

Tabelle 2. *Übersicht über 1241 Geschwülste des Rindes*

Geschwulstformen	Sitz der Geschwülste																										Summe	
	Digest. Apparat				Resp. App.			Harn App.	♀ Genitalapp.					♂ Genital-App.		Zirk App.	Nerven Syst.	Sonstige Organe										
	Ober.Dig.Trakt.	Magen-Darmkanal	Leber + Gallenbl.	Pankreas	Nasenhöhle + Nebenhöhlen	Kehlkopf + Luftr.	Lunge	Niere + abl. Harnwege	Ovar	Uterus	Vagina	Vulva + Clitoris	Mamma	Hoden	Penis + Praeputium	Herz + Gefäße	ZNS + periph. Nerven	Auge	endokr. Drüsen	Haut	Unterhaut	Muskulatur	Knochen	Lymphkn.	Sonst. Lokal.	Prim. multipel		
Fibrom	4	4			1					4	18		2	2		27					4					3	69	175
Myxom	2		1													7			1	1							12	
Lipom		2								1	2						1				2				3		11	
Chondrom		1			1			1													1		2				6	
Osteom					2																		2				4	
Haemangiom			3								1	1				3				1						5	14 [2]	
Lymphom	6																										6 [1]	
Melanom																	1			17	2				4		24	
Adamantinom																							29				29	
Sarkome	7	16	3	2	7	2	5	5	9	13	2	3		9	1	26	5	11	19	6	6	2	18	3	13	2	195 [1]	
Leiomyom	1	4	3					1		20	12					1											42	43
Rhabdomyom																1											1	
Myosarkom										2																	2	
Geschw. d. Nervengew.																1	8	1									10 [3]	
Papillom	38	10						7			1		77		24			53		118					1		329 [4]	411
Adenom, Fibro-, Cyst-		3	12	14				6	8			1	3						35								82	
Karzinome	8	67	55	2	1		27	17	39	37	4	12	3	3	3			51	4	44					16		393 [5]	
Mischgeschwulst	1		1					3																		1	6	12
Teratom					1			1						3			1										6	
Summe:	67	107	78	18	13	2	32	41	56	77	40	17	85	17	28	66	16	116	59	187	15	2	51	3	37	11	*1241*	

Tabelle 3. *Übersicht über 114 Geschwülste des Schafes*

Geschwulstformen	Sitz der Geschwülste																		Summe	
	Dig. App.			Resp. App.		Harn-org.	♀ Genit. App.		♂	Zirk. App.	Sonstige Organe									
	ober. Dig. Trakt.	Magen-Darmkanal	Leber + Gallenblase	Nasenhöhle	Lunge	Niere	Uterus	Mamma	Hoden	Herz	Auge	endokr. Drüsen	Haut	Unterhaut	Muskulatur	Knochen	Milz + Lymphknoten	Sonst. Lokalis.		
Fibrom										1									1	7
Lipom			1							1									2	
Chondrom																3			3	
Myelom																	1		1	
Sarkome			9	1			1			1			1	1		6	2	3	25	
Leiomyom							5												5	6
Rhabdomyom															1				1	
Myosarkom		1					1												2	
Papillom			2																2	36
Adenom, Cyst-		2	4		26							2							34	
Karzinome	1	1	18		5			1	1		2	3	2					2	36	
Mischgeschwulst					1	1													2	
Summe:	1	4	34	1	32	1	7	1	1	3	2	5	3	1	1	9	3	5	*114*	

Tabelle 4. *Übersicht über 188 Geschwülste des Schweines*

Geschwulstformen	Sitz der Geschwülste: Digest. App.			Resp. App.	Harn-app.	♀ Genitalapp.			♂ Genit. App.	Zirk. App.	Nerv.-system	Sonstige Organe				Summe	
	Mundhöhle	Magen-Darmkanal	Leber	Nasenhöhle	Niere + abl. Harnwege	Ovar	Uterus	Mamma	Hoden	Herz	ZNS	endokr. Drüsen	Haut	Knochen	Sonst. Lokal.		
Fibrom						1								1	1	3	10
Lipom											1			1		2	
Haemangiom			1		1								1			3	
Melanom													1		1	2	
Sarkome	2	1	2		13	5			1	2		1	3	4	18	52	
Leiomyom		1					7									8	13
Rhabdomyom					1					4						5	
Myosarkom		2					1									3	
Papillom	9															9	34
Adenom, Cyst-		2			4	10						9				25	
Karziome	3		4	1	10		1	2	1			1			2	25	51
Mischgeschwulst					48											48	
Teratom						2			1							3	
Summe:	14	6	7	1	77	18	9	2	3	6	1	11	5	6	22	*188*	

Tabelle 5. *Übersicht über 1925 Geschwülste des Hundes*

Geschwulstformen	Sitz der Geschwülste: Digest. App.: oberer Digest. Trakt.	Magen-Darmkanal	Leber + Gallenblase	Prankreas	Resp. App.: Nasenhöhle + Nebenhöhlen	Lufröhre	Lunge	Harn-org.: Niere + abl. Harnwege	♀ Genital-apparat: Ovar	Uterus	Vagina	Vulva	Mamma	♂ Genit. App.: Hoden	acc. Geschl. Drüs.	Penis + Praeputium	Zirk. App.: Herz + Gefäße	Nerv.-system: ZNS	Sonstige Organe: Auge	endokr. Drüsen	Haut	Analdrüsen	Unterhaut	Muskulatur	Knochen	Milz + Lymphknoten	Sonst. Lokal.	Primär multipel	Summe	
Fibrom	2							1	1	2	12		15				1	1			6		5		1	1			48	152
Myxom																							2						2	
Lipom			1				1	1					1	1					1		1		11			2	6		26	
Chondrom					1								7				1			2					4				15	
Osteom																				1			1		1				3	
Haemangiom			1													1							21			1		3	27	
Lymphangiom																							2						2	
Melanom	1																	1			20								22	
Adamantinom																									3				3	
Zwischenzellentumor														4															4	
Sarkome	23	16	6	3	2		4	8	2	1	6	4	48	22		6	17	7	5	19	158		18	2	60	16	23	1	477[1]	
Leiomyom	3	12	7					3	2	15	5				1											2		1	51	52
Rhabdomyom																	1												1	
Myosarkom		1						4																			1		6	
Geschw. d. Nervengew.																		14	1										15	
Papillom	6		1					1		1	1	1	3			2			1	1	7								25	317
Adenom, Fibro-, Cyst-			25	5			3	1	5	2			102	2	1	1			3	67	48	23	2			1	1		292	
Karzinome	42	19	44	11	11	1	30	15	7	4	3		98	83	10	4			5	300	65	21							773	
Mischgeschwulst	3							2		3			114														6		128	133
Teratom													4	1															5	
Summe:	80	48	85	19	14	1	38	36	17	28	27	5	392	113	12	14	20	23	16	390	305	44	62	2	69	23	37	5	*1925*	

Tabelle 6. *Übersicht über 156 Geschwülste der Katze*

Geschwulstformen	Sitz der Geschwülste																					Summe	
	Digest. App.				Resp. App.			Harn-org.	♀ Genit. App.				♂ Genit. App.		Sonstige Organe								
	ober. Dig. Trakt.	Magen-Darmkanal	Leber	Pankreas	Nasenhöhle + Nebenhöhlen	Kehlkopf	Lunge	Niere	Ovar	Uterus	Vulva	Mamma	Hoden	Penis	Auge	endokr. Drüsen	Haut	Unterhaut	Knochen	Milz	Sonst. Lokalis.		
Fibrom									1								1					2	10
Chondrom																			1			1	
Haemangiom			2																			2	
Myelom					1																	1	
Adamantinom																			4			4	
Sarkome	3	3			3		1	3	2	1	1	1			5	1	9	5	8	5	1	52	
Leiomyom										3												3	
Geschw. d. Nervengew.															1							1	
Papillom	1																					1	16
Adenom, Fibro-, Cyst-		1	4	2			2		1			3				1	1					15	
Karzinome	15	4	9	6		1	1	3	4	1		20	1	1			4				3	73	
Mischgeschwulst												1										1	
Summe:	19	8	15	8	4	1	4	6	8	5	1	25	1	1	6	2	15	5	13	5	4	*156*	

II. Zusammenstellung der bisher bei den Haussäugetieren beschriebenen Geschwülste

Unter Zugrundelegung der im Abschnitt I aufgeführten Veröffentlichungen haben wir nochmals eine kritische Sammlung der Kasuistik durchgeführt, wobei wir bemüht waren, nach Möglichkeit nur solche Fälle in unsere Zusammenstellung aufzunehmen, die auf Grund der Beschreibung und der beigegebenen Abbildungen als einigermaßen gesichert angesehen werden konnten. Auf diese Weise wurden insgesamt 4 934 Geschwülste zusammengestellt, und zwar entfallen davon auf das Pferd 1 222, auf das Rind 1 241, auf das Schaf 114, auf die Ziege 13, auf das Schwein 188, auf den Hund 1 925, auf die Katze 156 und auf das Kaninchen 75 Fälle. Auf den beiliegenden Tabellen 1 bis 6 sind die Geschwülste des Pferdes, des Rindes, des Schafes, des Schweines, des Hundes und der Katze zusammengestellt, und zwar unterteilt nach Geschwulstart und Sitz der Geschwülste.

Von der *Ziege* liegen in der Literatur insgesamt nur 13 Mitteilungen vor, und zwar handelt es sich dabei um je ein Chondrom am Kiefer und Ohrknorpel, ein Melanosarkom und ein Leiomyom am weiblichen Genitaltraktus. Ferner wurden 6 Adenome (drei in der Schilddrüse, zwei in der Epiphyse, eins im Euter) und zwei Karzinome (Oesophagus, Mamma) beschrieben. Bei Angoraziegen in Südafrika ist ferner ein endemisches Auftreten von Melanomen beobachtet worden (THOMAS).

Beim *Kaninchen* konnten wir 75 Angaben über Geschwülste finden. Sie beziehen sich auf 10 Sarkome, 3 Leiomyome, 1 Myosarkom, 11 Adenome, 1 Papillom, 34 Karzinome und 14 Mischgeschwülste, unter denen sich allein 11 maligne Mischgeschwülste der Nieren befanden. Von den 34 Karzinomen hatten nicht weniger als 21 ihren Sitz im Uterus.

Das Kaninchen ist also das einzige unter unseren Haustieren, bei dem der Uteruskrebs wirklich häufiger auftritt. Auch von den 11 Adenomen entfielen 8 auf den Uterus.

III. Ergebnisse der Geschwulststatistik der Haussäugetiere

Eine vergleichende Betrachtung der Geschwülste kann entweder von der Häufigkeit der verschiedenen Geschwulstformen bei den einzelnen Tierarten ausgehen, um zu prüfen, ob gewisse Tierarten eine besondere Disposition für diese oder jene Geschwulst besitzen, oder sie kann das Vorkommen, Aussehen und Verhalten der Geschwülste bei Tieren mit den entsprechenden Verhältnissen beim Menschen vergleichen. Im folgenden sollen beide Fragen berücksichtigt werden.

Zunächst wäre die Frage zu prüfen, ob die Neigung zur Geschwulstbildung ganz allgemein bei den einzelnen Tierarten annähernd gleich ist und mit der Häufigkeit der Geschwülste beim Menschen übereinstimmt oder ob hier Artunterschiede bestehen.

Es kann heute als gesichert angesehen werden, daß bestimmte *Familien* und *Rassen* für bestimmte Blastome eine — erbliche — Disposition besitzen. Als Beispiel sei nur auf die Melanosarkome der Schimmelpferde, auf das in manchen Hühnerstämmen beobachtete gehäufte Vorkommen von Angiomen, auf das Vorkommen familiärer Leukosen sowie auf die Karzinome bestimmter Mäusestämme hingewiesen. Ob aber auch die verschiedenen *Tierarten* ein wechselndes Verhalten bei Geschwulsterkrankungen zeigen, bedarf noch näherer Klärung.

Die Frage läßt sich anhand des im vorstehenden Abschnitt zusammengetragenen Materials noch nicht mit der wünschenswerten Sicherheit entscheiden. Es erscheint auf den ersten Augenblick so, als ob Geschwülste bei Hund, Pferd und Rind wesentlich häufiger vorkommen als bei den übrigen Haustieren. Um diese Zahlen aber einwandfrei beurteilen zu können, müssen noch bestimmte Faktoren berücksichtigt werden, die von wesentlicher Bedeutung bei der Bewertung der Zahlen über die Geschwulsthäufigkeit sind. Ein einwandfreier Vergleich hinsichtlich der Häufigkeit der Geschwülste im allgemeinen, sowie einzelner Geschwulstformen ist nur unter sorgfältiger Berücksichtigung der *Größe der Population* und ihrer *Altersstaffelung* bei den einzelnen Haustierarten möglich.

Was die *Größe* der *Population* anbetrifft, so wird man erwarten können, daß die Zahl der Geschwülste, die in einem Untersuchungsgebiet auf eine bestimmte Tierart entfallen, um so größer sein wird, je umfangreicher der betreffende Tierbestand an sich ist. Leider wissen wir über die Größe der Population bei gewissen Haustieren wie der Katze und dem Kaninchen gar nichts, während die Zahlen bei anderen Haustierarten nur ungenau sind und lediglich für Pferd, Rind, Schwein und Schaf annähernd zuverlässige Zahlen auf Grund amtlicher Viehzählungen vorliegen. In der beiliegenden Tab. 7. stehen in der zweiten Rubrik die Zahlen über

Tabelle 7. *Übersicht über 5232 Geschwülste der Haussäuger in ihrer Beziehung zur Größe und Altersstaffelung der Population*

	Mensch	Hund	Pferd	Rind	Schwein	Katze	Schaf	Kaninchen
Zahl der Geschwülste	—	2011*)	1447**)	1241	188	156	114	75
Größe der Population Pferd = 1	19	1	1	6	7	?	1	?
Anteil der alten Individuen Mensch = 100	100	ca. 80	ca. 50	ca. 30	ca. 5	ca. 80	ca. 10	ca. 5
Anzahl der Geschwulstformen	—	50	52	52	27	28	26	18

*) Einschließlich von 86 gutartigen Rundzellensarkomen des Hundes.
**) Einschließlich von 225 Melanosarkomen der Schimmelpferde.

die Größe der Population, wobei die Zahl der Pferde mit 3,5 Millionen als 1 eingesetzt wurde. Demzufolge entfielen vor dem zweiten Weltkriege auf 1 Pferd in Deutschland etwa 1 Hund, 1 Schaf, 1 Ziege, 6 Rinder, 7 Schweine und 19 Menschen. Wenn aber die Zahl der Pferde, Rinder, Schweine, Schafe, Ziegen und Hunde in Deutschland zusammen noch nicht einmal so groß ist, wie die Zahl der Menschen, dann kann man natürlich auch nicht erwarten, daß die Zahl der in der Literatur enthaltenen Geschwulstfälle genau so groß ist wie beim Menschen. Die Kasuistik der tierischen Geschwülste kann schon allein aus diesem Grunde niemals so umfangreich wie beim Menschen sein.

Das allein genügt jedoch noch nicht, um zu einer einwandfreien Beurteilung der Geschwulsthäufigkeit zu gelangen. Es ist vom Menschen her bekannt, daß viele Geschwülste erst in höherem Lebensalter auftreten. Das trifft nach den bisherigen Beobachtungen auch für unsere Haustiere zu. In Abb. 1 wird unter Benutzung der Angaben von COHRS sowie von MULLIGAN die Alterskurve von 713 sezierten Hunden dargestellt. Daneben die Alterskurve von 166 geschwulstkranken Hunden und die Alterskurve der Krebskranken beim Menschen (letzteres nach ABEL). Es zeigt sich, daß die Alterskurve der geschwulstkranken Hunde in ihrem Verlauf weitgehend mit der Alterskurve der krebskranken Menschen übereinstimmt. Dies ist um so bemerkenswerter, als die Mehrzahl der sezierten Hunde im Gegensatz zum Menschen nicht den höheren sondern den jüngeren Lebensaltersklassen angehörte.

Bei allen vergleichenden Betrachtungen ist es deshalb notwendig, den *Altersaufbau* der betreffenden Haustierpopulation zu berücksichtigen. Absolute Zahlen liegen hierüber vorläufig noch nicht vor. Unter Zugrundelegung der statistischen Untersuchungen von DOBBERSTEIN und RAETHEL kann man aber für Pferd und Rind und unter Benutzung der amtlichen Viehzählungslisten auch für das Schwein und das Schaf Schätzungswerte angeben, die den wahren Werten wenigstens nahe kommen dürften. Geht man von dem Anteil der alten Individuen beim Menschen aus und setzt ihn gleich 100, dann kann er, wie Tab. 7 zeigt, beim Hund und bei der Katze auf etwa 80, beim Pferde auf 50, beim Rinde auf 30, beim Schaf auf 10 und bei Schwein und Kaninchen auf 5

Abb. 1

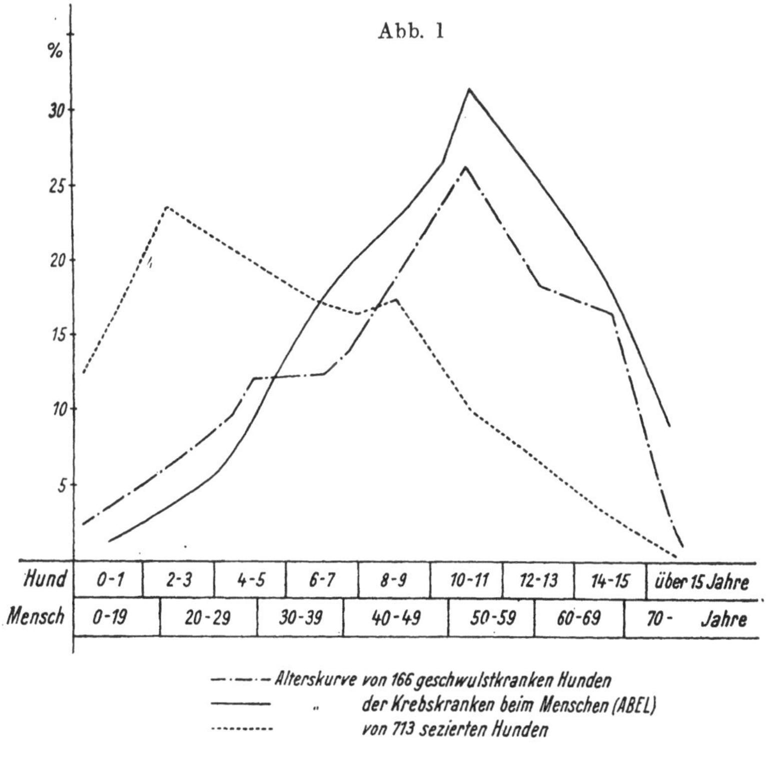

geschätzt werden. Wenn daher in der Übersichtstabelle 7 auf das Schwein nur 188 Geschwülste entfallen, obwohl der Schweinebestand 7mal größer ist als der Pferdebestand, dann hängt das unzweifelhaft damit zusammen, daß Schweine nur ganz ausnahmsweise einmal dasjenige Lebensalter erreichen, in dem Geschwulsterkrankungen häufiger auftreten.

Auch die verhältnismäßig geringe Anzahl der Rindergeschwülste im Vergleich zu den Pferdegeschwülsten (der Rinderbestand ist 6mal größer als der Pferdebestand) dürfte sich wohl daraus erklären, daß eine nicht unbeträchtliche Zahl von Rindern, und zwar besonders der männlichen, bereits in sehr jugendlichem Alter zur Schlachtung gelangen und daß die weiblichen Tiere auch nur ein mittleres Lebensalter von 6—7 Jahren erreichen. Das einzige Tier, das bezüglich seiner Altersstaffelung noch einigermaßen mit dem Menschen verglichen werden kann, dürfte, wenn man die Katze beiseite läßt, der Hund sein, der in einem nicht unerheblichen Teil bis zu seinem natürlichen Lebensende gehalten wird oder doch wenigstens häufig so alt wird, daß die bekannten Erscheinungen der Vergreisung (Ausfallen der Zähne, Altersstar, Ergrauen der Haare, Aufhören der Fortpflanzungsfähigkeit) bei ihm auftreten.

Die letzte Reihe in Tab. 7 enthält die absolute Zahl der bei den einzelnen Haustieren ermittelten *Geschwulstformen*. Die höchsten Zahlen entfallen hier erwartungsgemäß auf die Tierarten mit der umfangreichsten Kasuistik (Pferd, Rind, Hund). Für diese Tierarten sind praktisch so gut wie alle beim Menschen beschriebenen Geschwulstformen, einschließlich der entsprechenden Unterformen, festgestellt worden, während andererseits bei den Haustieren keine Geschwulstform bisher nachgewiesen werden konnte, für die es beim Menschen nicht das Analogon gibt. Eine Ausnahme machen lediglich die *Chorionepitheliome* des Menschen, die bei Tieren bisher einwandfrei noch nicht festgestellt sind, was aber mit der ganz anderen Art der Plazentation bei unseren Haustieren in Zusammenhang zu bringen sein dürfte. Es darf wohl angenommen werden, daß die bei den Haustieren bisher noch nicht zur Feststellung gekommenen Geschwulstarten bei einer entsprechend umfangreicheren Kasuistik ebenfalls zur Beobachtung gelangen würden.

Eine weitere Frage dürfte die sein, ob die verschiedenen Gewebe bei den einzelnen Tierarten eine wechselnde Disposition zur Geschwulsterkrankung aufweisen. An dieser Stelle kann zuerst einmal gesagt werden, daß Geschwülste, die beim Menschen nur selten zur Beobachtung gelangen, auch bei den meisten Tierarten selten sind. Dagegen besteht insofern ein deutlicher Unterschied, als das starke Überwiegen der Krebse beim Tier lange nicht so deutlich in Erscheinung tritt. Hierauf soll weiter unten noch eingegangen werden.

Um die Häufigkeit der Geschwülste der einzelnen Gewebe näher zu prüfen, wurde auf Tab. 8 der prozentuale Anteil der einzelnen Gewebe an den Geschwulsterkrankungen zusammengestellt.

Tabelle 8. *Verteilung von 4846 Geschwülsten auf die verschiedenen Gewebe*

Gewebsart	Hund [1] 1925	Pferd [2] 1222	Rind 1241	Schw. 188	Katze 156	Schaf 114	Zusammen 4846
Stützgewebe	32,5	39,7	29,4	33,3	39,8	28,1	34,2
Muskelgewebe	3,0	2,1	3,6	8,2	1,9	7,0	3,2
Nervengewebe	0,8	1,6	0,8	—	0,6	—	0,9
Epithelgewebe	56,9	51,2	64,3	32,0	56,4	62,3	56,2
Mischgeschwülste und Teratoblastome	6,9	4,3	1,0	26,2	0,6	1,8	5,2

[1]) Hund: ohne gutartige Rundzellensarkome.
[2]) Pferd: ohne Melanosarkome.

Nicht mit berücksichtigt wurden dabei die Melanosarkome des Pferdes, da es sich bei ihnen um eine arteigentümliche Erkrankung der Schimmelpferde handelt und die „gutartigen Rundzellensarkome" des Hundes; letztere im Hinblick auf ihren noch völlig ungeklärten Geschwulstcharakter.

Am einheitlichsten sind die Zahlen für das *Stützgewebe* mit einem Mittelwert von rund 34,0 %. Lediglich bei Rind und Schaf liegt der Wert etwas unter 30,0 %, was bei beiden Tierarten auf den starken Anteil gutartiger epithelialer Neubildungen an der Gesamtzahl der Geschwülste zurückzuführen ist.

Das *Muskelgewebe* ist im allgemeinen nur gering an der Geschwulstbildung beteiligt; im Mittel mit 3,2 %. Eine Ausnahme machen nur das Schwein und das Schaf mit 8,2 bzw. 7,0 %. Beim Schwein gibt die für diese Tierart charakteristische Neigung zur Ausbildung dysontogenetischer Tumoren (Rhabdomyome) den Ausschlag, während beim Schaf die Leiomyome des weiblichen Genitalapparates viel häufiger als bei den anderen Tierarten auftreten.

Sehr selten sind sodann die Geschwülste des *Nervengewebes*, die im allgemeinen unter einem Prozent bleiben und lediglich für das Pferd 1,6 % betragen.

Am stärksten vertreten sind stets die Geschwülste des *Epithelgewebes* mit einem Durchschnittswert von 56,2 %. Eine wesentlich niedrigere Zahl (32,0 %) liefert nur das Schwein. Der Grund hierfür dürfte, wie schon oben erwähnt, einmal in der bei dieser Tierart außerordentlich hohen Anzahl an teratoiden Geschwülsten und zum anderen in der Jugendlichkeit der Schweinepopulation zu suchen sein. Etwas über dem Durchschnitt liegen die Zahlen für die Wiederkäuer (Rind: 64,3 %; Schaf: 62,3 %), was in der Häufigkeit der gutartigen Epithelgeschwülste (Papillome beim Rind; Lungenadenome beim Schaf) begründet ist.

An letzter Stelle sind die *Mischgeschwülste* und *Teratoblastome* zu erwähnen, die bei den einzelnen Tierarten sehr unterschiedliche Werte ergeben. Einen überragenden Anteil liefert das Schwein mit 26,2 %, wobei es sich fast ausschließlich um Adenosarkome der Niere handelt. Erst in großem Abstand folgt der Hund mit 6,9 %. An dritter Stelle steht das Pferd (4,3 %), während die Wiederkäuer und die Katze nur selten derartige Neubildungen aufweisen.

Es ist aus der vergleichenden Pathologie her bekannt, daß die verschiedenen Gewebe bei den einzelnen Tierarten sehr verschieden auf einen bestimmten Reiz hin reagieren können.

Am bekanntesten ist das vom Stützgewebe, insbesondere vom retikulären Bindegewebe. Schon in der Blutzusammensetzung und in der Ausbildung der Blutzellen machen sich arteigene Unterschiede bemerkbar, so daß das Blutbild bei einigen Tierarten einen mehr lymphatischen (Rind, Schwein), bei anderen einen mehr myeloischen Charakter (Pferd, Hund) aufweist. Bekannt ist ferner die Tatsache, daß manche Tierarten im Verlauf von Entzündungen mehr zur Bildung gerinnender Exsudate neigen, wie Rinder und Schweine, während bei anderen die Exsudate einen mehr flüssigen Charakter aufweisen, wie Pferd und Hund.

Es war also die Frage zu prüfen, ob diese verschiedene Reaktionsweise der Gewebe auch in den Geschwulsterkrankungen zum Ausdruck kommt. Es wurden deshalb auf Tab. 9

Tabelle 9. *Häufigkeit gutartiger Geschwülste in % aller Geschwülste*

Geschwulstform	Pferd	Rind	Schaf	Schwein	Hund	Katze
Myxom	0,3	1,0	—	—	0,1	—
Chondrom	0,8	0,5	2,6	—	0,7	0,6
Odontom und Adamantinom	0,8	2,3	—	—	0,2	2,6
Lipom	1,9	0,9	1,8	1,0	1,4	—
Osteom	1,7	0,3	—	—	0,2	—
Haemangiom	1,1	1,2	—	1,5	1,3	1,3
Melanom	—	3,8	—	3,3	3,0	—
Fibrom	5,8	5,5	0,9	1,5	2,4	1,3
Leiomyom	1,3	3,4	4,4	4,6	2,5	1,9
Rhabdomyom	0,3	0,7	0,9	2,6	0,05	—
Adenome und Cystadenome	4,1	6,6	29,8	12,9	14,4	8,7
Papillome	1,9	26,1	1,8	4,6	1,2	0,6

die gutartigen Geschwülste des Stütz-, Muskel- und Epithelgewebes für Pferd, Rind, Schaf, Schwein, Hund und Katze zusammengestellt. Aus dieser Aufstellung geht hervor, daß die Häufigkeit der verschiedenen *gutartigen Geschwülste der Stützsubstanzen* von Art zu Art erheblichen Schwankungen unterworfen ist. Am einheitlichsten sind die Werte für die *Hämangiome*, die zwischen 1,2 und 1,5 % schwanken, ferner für die *Melanome* (3,0—3,8 %) und die Lipome, die zwischen 0,9 und 1,9 % liegen. Bei anderen Neubildungen macht sich bereits für einzelne Tierarten ein auffälliges Überwiegen bestimmter Geschwulstformen bemerkbar. Das gilt z. B. für die *Fibrome,* die bei Pferd und Rind mit 5,8 bzw. 5,5 % 2 ½ bis 6mal häufiger als bei den übrigen Tierarten angetroffen werden. Auffällig ist ferner die Häufigkeit der *Chondrome* beim Schaf und der *Osteome* beim Pferd.

Ob allerdings die bei den Geschwülsten der Bindesubstanzen zweifellos vorhandenen Unterschiede zwischen den einzelnen Tierarten ausschließlich auf eine besondere Geschwulstdisposition des betreffenden Gewebes zurückzuführen sind, oder ob daneben auch äußere Einflüsse von Bedeutung sind, die bei den betreffenden Tierarten besonders häufig einwirken, kann heute noch nicht entschieden werden. Hierzu werden noch weitere eingehende Untersuchungen notwendig sein.

Auch die *gutartigen Geschwülste* der *Muskulatur* schwanken in ihrer Häufigkeit erheblich und zwar die *Leiomyome* zwischen 1,3 und 4,6 %, die *Rhabdomyome* zwischen 0,05 und 2,6 %. Die Leiomyome sind bei den Wiederkäuern und beim Schwein besonders häufig, und bei letzterer Tierart scheint außerdem noch eine besondere Neigung zur Entwicklung von Rhabdomyomen zu bestehen. Dies dürfte sich wohl aus der Tatsache erklären, daß beim Schwein dysontogenetische Tumoren auch sonst auffällig häufig sind. Es steht dies wiederum in Einklang damit, daß beim Schwein, als einem in hohem Maße einseitig überzüchteten Tier, Entwicklungsstörungen verschiedenster Art besonders häufig zur Beobachtung gelangen.

Wesentlich größer werden die Unterschiede, wenn man die *gutartigen epithelialen Geschwülste* untersucht. So schwankt die Häufigkeit der *Adenome* zwischen 4,1 und 29,8 %. Der höchste Wert entfällt auf das Schaf und betrifft hier die Lungenadenome, deren Entstehung möglicherweise mit der dauernden Einwirkung der bei dieser Tierart häufigen Lungenwürmer in Verbindung steht. Auch die Zahlen für die *Papillome* unterliegen erheblichen Schwankungen, wobei das Rind mit 26,1 % weit an der Spitze steht, was auf die bei dieser Tierart häufiger vorkommenden infektiösen Hautpapillome zurückzuführen ist.

Zusammenfassend ist zu sagen, daß die bisherigen Unterlagen noch nicht beweisend dafür sind, daß bestimmte Gewebsarten bei der einen oder anderen Tierart eine besonders starke Neigung zur Geschwulstbildung besitzen. Soweit Abweichungen bisher feststellbar sind, lassen sie sich vielmehr mit einer gewissen Wahrscheinlichkeit auch auf äußere Einwirkungen (mechanische Reize, filtrierbare Virusarten oder parasitäre Schädigungen) zurückführen.

Ausgenommen hiervon sind allerdings gewisse Neubildungen einzelner Tierarten, die unzweifelhaft auf eine besondere Artdisposition zurückgeführt werden müssen. Das gilt zunächst für die *Melanosarkome der Schimmelpferde*. Es kann heute als gesichert angesehen werden, daß die Schimmelpferde eine in vorgerücktem Lebensalter deutlich hervortretende hohe Disposition für die Erkrankung an Melanosarkomen aufweisen. Worauf diese Disposition zurückgeht, ist noch immer ungeklärt. Es ist nur soviel sicher, daß sie mit dem Schwund des Pigments in den Haaren im höheren Lebensalter in Verbindung steht. Auch die Häufigkeit der *Mischgeschwülste der Niere* beim Schwein (64,1% aller Nierentumoren dieses Tieres), wobei es sich fast ausschließlich um Adenosarkome handelt, dürfte als eine dem Schwein angeborene, wahrscheinlich sogar angezüchtete Eigentümlichkeit dieser Tierart anzusehen sein.

Bevor wir zu einer genaueren Betrachtung der Sarkome und Karzinome übergehen, soll zunächst noch die Frage nach dem *Verhältnis der gutartigen* zu den *bösartigen Geschwülsten* bei den einzelnen Haustierarten untersucht werden. Beim Menschen überwiegen bekanntlich die bösartigen Geschwülste weitgehend. Leider konnten wir in der uns zugänglichen Literatur keine statistischen Angaben über das Verhältnis der gutartigen zu den bösartigen Tumoren beim Menschen finden. Eine weitere Schwierigkeit für eine vergleichende Onkologie ergibt sich daraus, daß in der Geschwulststatistik beim Menschen häufig alle bösartigen Geschwülste als Karzinome zusammengefaßt werden, daß also eine weitere Aufgliederung der bösartigen Geschwülste in Sarkome, Karzinome und andere für den Geschwulstträger bösartig sich gestaltende Neubildungen nicht vorgenommen wird. Für die vergleichende Geschwulstlehre ist aber eine Trennung zwischen Sarkomen, Karzinomen, malignen Geschwülsten des Zentralnervensystems und anderen bösartigen Geschwülsten von wesentlicher Bedeutung, da z. B. mit der Möglichkeit gerechnet werden muß, daß das Verhältnis zwischen Sarkomen und Karzinomen bei den einzelnen Tierarten ein sehr unterschiedliches ist. Erschwert wird ein Vergleich zwischen Mensch und Tier ferner durch die ganz verschiedene Altersstaffelung der menschlichen Bevölkerung und der Population unserer Haustiere, wie bereits an Hand von Tab. 7 ausgeführt worden ist.

Tab. 10 vermittelt einen Überblick über das *Verhältnis der gutartigen zu den bösartigen Geschwülsten*, sowie der

Tabelle 10. *Verhältnis zwischen gut- und bösartigen Geschwülsten und zwischen Sarkomen und Karzinomen*

	Mensch	Hund	Pferd	Rind	Schwein	Katze	Schaf	Kan.
Anzahl der ermittelten Geschwülste	—	2011 [1]	1447 [2]	1241	188	156	114	75
Davon gutartige Geschwülste in %	—	36,0 [1]	23,8	50,5	30,6	19,1	43,8	24,0
bösartige Geschwülste in %	—	64,0	76,2	49,5	69,4	80,9	56,2	76,0
Verhältnis gutartig : bösartig	—	1 : 1,8	1 : 3,2	1 : 1	1 : 2,2	1 : 4,2	1 : 1,3	1 : 3,2
Davon Sarkome in %	—	23,1	35,9 [2]	15,7	26,5	33,1	21,9	13,3
Karzinome in %	—	34,4	34,8	27,5	14,3	45,2	29,8	44,0
Verhältnis Sarkom : Karzinom	1 : 12 Kind = 3 : 1	1 : 1,5	1 : 1 [2]	1 : 1,7	1 : 0,5	1 : 1,3	1 : 1,4	1 : 3,3

[1]) Die Zahl gilt einschließlich der gutartigen Rundzellensarkome.
[2]) Die Zahl gilt einschließlich der Melanosarkome der Schimmelpferde.

Sarkome zu den Karzinomen. Bei unseren Haustieren überwiegen im allgemeinen ebenfalls die bösartigen Geschwülste, und zwar sind sie am häufigsten bei der Katze (80,9 %) und am seltensten beim Rinde mit 49,5 %. Beim Rinde sind also die gutartigen Geschwülste ungefähr genau so häufig wie die bösartigen. Das Verhältnis gutartig zu bösartig beträgt bei der Katze 1:4,2; bei Pferd und Kaninchen 1:3,2; beim Schwein 1:2,2; beim Hund 1:1,8; beim Schaf 1:1,3 und beim Rind 1:1. Berücksichtigt man auch hier wieder die ganz andere Altersstaffelung unseres Haustierbestandes, so darf wohl gefolgert werden, daß diese Zahlen recht gut mit den beim Menschen ermittelten in Vergleich gesetzt werden könnten, wenn man auch beim Menschen nur die Geschwulstfälle etwa bis zum 50. Lebensjahre berücksichtigen würde.

Es erschien wichtig, das *Verhältnis zwischen Sarkom* und *Karzinom* festzustellen. Beim Menschen soll auf 10 bis 12 Karzinome 1 Sarkom entfallen. Wenn man aber hier nur die Fälle bis etwa zum 20. Lebensjahr in Betracht zieht, dann verengert sich das Verhältnis Sarkom zu Karzinom auch beim Menschen sofort auf 3:1 (Cocchi). Man findet nun im Schrifttum mehrfach die Ansicht vertreten, daß bei den Tieren die Sarkome wesentlich häufiger als die Karzinome wären. Neuerdings hat sich auch Runne in diesem Sinne geäußert. Für die niederen Wirbeltiere dürfte dies nach den Untersuchungen von Lucké und Schlumberger zutreffen. Auch beim Huhn scheinen nach den bisherigen Ermittlungen die Sarkome häufiger als die Karzinome zu sein, wobei aber wieder zu berücksichtigen ist, daß unser Hausgeflügel nur zum kleinen Teil ein höheres und damit krebsfähiges Alter erreicht. Bei den Haussäugetieren werden die Sarkome in der Regel zahlenmäßig bereits von den Karzinomen übertroffen. Das Verhältnis Sarkom: Karzinom schwankt bei ihnen zwischen 1:0,5 (Schwein) und 1:3,3 (Kaninchen). Für Katze, Schaf und Hund beträgt das Verhältnis 1:1,3 bis 1,5; beim Rind 1:1,7 und beim Pferd 1:1.

Die geringe Zahl der Krebse beim Schwein erklart sich ohne weiteres aus der Jugendlichkeit der Population. Daß beim Pferde genau soviel Sarkome wie Karzinome beobachtet worden sind, muß auf die bei dieser Tierart so häufigen Melanosarkome der Schimmelpferde zurückgeführt werden. Läßt man sie in der Statistik unberücksichtigt, dann erweitert sich auch für Pferde das Verhältnis Sarkom zu Karzinom auf 1:1,7; also auf die gleiche Zahl wie beim Rinde. Die sog. „gutartigen Rundzellensarkome" des Hundes sind in dieser Aufstellung zu den gutartigen Geschwülsten des Stützgewebes gerechnet worden, wohin sie auf Grund ihres Verhaltens im Organismus wohl mit der meisten Berechtigung gesetzt werden dürften.

Aus den hier angeführten Zahlen geht hervor, daß bei unseren Haustieren das Verhältnis Sarkom zu Karzinom wesentlich enger als beim Menschen ist; wie weit diese Tatsache aber den Rückschluß gestattet, daß unsere Haussäugetiere weniger zur Krebsbildung und mehr zur Sarkombildung neigen, ist noch unklar. Der Unterschied zwischen Mensch und Haussäugetier könnte zu einem nicht unerheblichen Teil auf die andere altersmäßige Zusammensetzung unserer Haustierbestände zurückgehen. Es läßt sich auch kein Grund dafür ausfindig machen, weshalb bei den Haussäugetieren Sarkome häufiger vorkommen sollen. Sie besitzen, wenn man vom Zentralnervensystem absieht, die gleiche Organisationshöhe wie der Mensch. Wenigstens kann man vom anatomischen Standpunkt aus den Organismus eines Pferdes oder Rindes im Vergleich zu dem des Menschen nicht als eine niedere Entwicklungsstufe ansehen.

Wesentliche Unterschiede sind indessen, sowohl zwischen Mensch und Tier als auch zwischen den Haussäugetieren untereinander festzustellen, wenn man die *Verteilung der Sarkome* auf die einzelnen Organsysteme berücksichtigt. Hier läßt sich zunächst aufzeigen, daß gewisse Organsysteme wie die Knochen und Muskeln, der Digestionsapparat, der männliche Geschlechtsapparat und die Milz einschl. der Lymphknoten ungefähr gleich häufig bei allen Säugetieren von Sarkomen befallen werden (Tab. 11). Besonders häufig finden sich Hautsarkome beim Pferd (28,7 %) und beim

Tabelle 11. *Verteilung der Sarkome auf die einzelnen Organe bei Pferd, Hund, Rind und Mensch*

	Pferd	Hund	Rind	Mensch (nach FREY)
Zahl d. Sarkome absolut u. in % aller Geschwülste	529 35,9%	477 23,1%	195 15,7%	
		in % der Sarkome		
Haut und Unterhaut	28,7	37,7	6,1	15,4
Knochen und Muskeln	10,2	13,3	10,2	58,6
Respirationsapparat	10,1	1,1	6,1	—
Digestionsapparat	9,4	8,4	11,6	4,55
Geschlechtsapparat ♂	6,2	6,0	5,1	} 2,27
Geschlechtsapparat ♀	4,2	11,9	13,2	
Harnorgane	1,3	1,7	2,5	2,7
Herz und Gefäße	1,3	3,7	13,2	—
Milz und Lymphknoten	2,3	3,4	1,5	0,45
Summe:	73,7	87,2	69,5	84,97

Hund (37,7 %), während sie beim Rind auffällig selten sind (6,1 %). Beim Respirationsapparat weist der Hund mit 1,1 % nur $^1/_9$ der beim Pferd vorkommenden Fälle (10,1 %) auf. Beim Pferd ist es besonders die Nasenhöhle, die aus bisher unbekannten Gründen eine besondere Disposition zur Ausbildung von Sarkomen aufweist. Die Sarkome des weiblichen Geschlechtsapparates sind beim Hunde mit 11,9 und beim Rinde mit 13,2 % etwa 3mal häufiger als beim Pferd (4,2 %). Auffällig ist ferner die Häufigkeit der Herzsarkome beim Rind (13,2) im Gegensatz zum Pferd und Hund mit 1,3 bzw. 3,7 %. Leider lassen sich die Zahlen mit dem Sarkombefall der einzelnen Organsysteme beim Menschen nur schwer vergleichen, da wir in der Literatur nur eine statistische Untersuchung über 200 Sarkome des Menschen von FREY auffinden konnten. Danach würden beim Menschen mehr als die Hälfte aller Sarkome auf Knochen und Muskeln entfallen.

Noch weit deutlicher treten die erheblichen Unterschiede hinsichtlich der einzelnen Organsysteme bei den *Karzinomen* hervor. Hier kann man auch den Menschen zum Vergleich heranziehen, weil über die Häufigkeit des Karzinoms beim Menschen unter Berücksichtigung der Beteiligung der verschiedenen Organe bereits sehr ausführliche und eingehende Untersuchungen vorliegen. Auf Tab. 12 ist der Befall der

Tabelle 12. *Prozentuale Verteilung der Krebserkrankungen auf die verschiedenen Organsysteme bei Mensch, Pferd, Hund und Rind*

	Mensch nach FISCHER	Pferd	Hund	Rind
Mundhöhle und Speiseröhre	4,0	14,6	6,1	2,3
Magen	29,0	9,1	1,2	13,3
Darm	9,0	4,0	1,4	6,1
Leber und Pankreas	5,0	1,6	7,8	10,2
♀ Genitale und Mamma	25,0	8,0	15,2	23,0
♂ Genitale und Prostata	3,0	15,0	4,9	1,4
Harnwege	3,0	9,3	2,2	4,9
Respirationstraktus	5,0	18,0	6,1	8,1
Haut	9,0	3,8	9,4	12,7
Übrige Organe	6,0	16,6	45,7 [1]	18,0

[1]) Davon Schilddrüsenkarzinome: 41,5

einzelnen Organsysteme für Mensch, Pferd, Hund und Rind eingetragen worden. Diese Zusammenstellung zeigt, daß hier wesentlich größere Unterschiede als bei den Sarkomen hervortreten. Es gibt kein Organsystem, das bei den angeführten 3 Haustierarten auch nur annähernd gleich häufig von Karzinomen befallen ist. Während beim Menschen das *Magenkarzinom* mit 33,0% der Fälle an der Spitze aller Krebse steht, entfallen auf den Krebs dieses Organs beim Rinde nur 13,3; beim Pferde 9,1 und beim Hund 1,2%. Hierbei ist aber noch zu berücksichtigen, daß es sich bei den Zahlen für Pferd und Rind nicht um Adenokarzinome des Magens handelt, sondern fast stets um verhornende Plattenepithelzellenkarzinome, die von der kutanen Vormagenschleimhaut dieser Tierarten ihren Ausgang nehmen, also den Magenkrebsen des Menschen nicht ohne weiteres an die Seite gestellt werden können. Auch der *Darmkrebs* ist bei Tieren wesentlich seltener als beim Menschen. Lediglich das Rind erreicht mit 6,1 % etwa $^2/_3$ der Fälle beim Menschen, während das Pferd (4,0 %) und der Hund (1,4 %) weit hinter den Zahlen aus der Humanmedizin zurückbleiben. Hierbei ist hervorzuheben, daß es sich beim Pferd fast ausschließlich um Dickdarmkrebse (Blinddarm und Colon) handelt, während der Mastdarmkrebs bei Tieren so gut wie unbekannt ist; die beim Hunde besonders in der älteren Literatur beschriebenen Mastdarmkrebse stellen in der Regel Adenome, selten Karzinome der Zirkumanaldrüsen dieser Tierart dar und haben mit dem Mastdarmkrebs des Menschen nichts zu tun.

Die *Krebse* der *Mundhöhle* und der *Speiseröhre* sind zwar beim Pferd (14,6 %) und beim Hund (6,1 %) wesentlich häufiger als beim Menschen, doch handelt es sich hier wiederum nicht um die beim Menschen so häufigen Lippen- und Zungenkrebse, sondern vielfach um nicht verhornende Plattenepithelzellenkarzinome, die vom Zahnfleisch ihren Ausgang nehmen, wie sie beim Menschen in dieser Form kaum bekannt sind. Sehr selten nehmen bei Tieren Karzinome ihren Ausgang von der Schleimhaut der Speiseröhre.

Das *Karzinom* von *Leber* und *Pankreas* ist beim Hund (7,8 %) und beim Rind (10,2 %) etwa $1^1/_2$ bis zweimal so häufig wie beim Menschen (5,0 %). Dabei handelt es sich beim Rind in den meisten Fällen um Leberzellkarzinome, beim Hund dagegen um *Gallengangskarzinome*. Der *Krebs der Gallenblase* gehört bei unseren Haustieren zu den größten Seltenheiten.

Die *Krebse* des *Respirationstraktus* sind bei allen Haustieren häufiger als beim Menschen. Beim Pferd entfallen 18,0 % aller Krebse auf die Respirationsorgane, wobei es sich allerdings zum größten Teil um Karzinome der Nasenhöhle und ihrer Nebenhöhlen handelt, während der Lungenkrebs beim Pferde nur 3,8%, also weniger als beim Menschen ausmacht. Beim Hunde entfallen von den 6,1 % der Krebse des Respirationstraktus bereits 4,4 % auf die Lunge; beim Rinde machen die Lungenkrebse mit 7,8 % bereits den größten Teil der Krebse des Respirationsapparates (8,1 %) aus.

Hinsichtlich des *Karzinome der Harnwege* steht das Pferd mit 9,3 % weit an der Spitze. Es folgt das Rind (4,9 %), während der Hund mit 2,2 % noch hinter der für den Menschen ermittelten Zahl von 3,0 % zurückbleibt. Dabei betreffen die für die 3 Tierarten zusammengestellten Fälle jeweils annähernd zur Hälfte die Niere, zur anderen Hälfte die Harnblase.

Auffällig ist schließlich noch das starke Überwiegen der *Schilddrüsenkarzinome* beim Hund, die mit 41,5 % fast die Hälfte aller Krebsfälle dieses Tieres ausmachen. In diesem Zusammenhang ist darauf hinzuweisen, daß die Schilddrüse des Hundes sehr häufig strumöse und adenomatöse Veränderungen aufweist, und daß ferner häufig Entwicklungsstörungen dieses Organs beim Hunde in Form akzessorischer Schilddrüsen vorkommen.

Man ist also zu der Feststellung berechtigt, daß bei jeder Säugetierart offensichtlich gewisse Organe häufiger, andere wiederum seltener vom Krebs befallen werden. Diese Tatsache dürfte nicht ohne Bedeutung für die *experimentelle Krebsforschung* sein. Denn wenn es darauf ankommt, experimentell einen bestimmten Organkrebs zu erzeugen, so wird man zweckmäßig mit Tierarten experimentieren, bei denen das betreffende Organ bereits spontan häufiger an Krebs erkrankt, weil angenommen werden kann, daß die betreffende Tierart dann auch von Natur aus eine gewisse Neigung zur Krebserkrankung des in Frage kommenden Organs besitzt.

Worauf die großen Unterschiede in der Organdisposition, sowohl hinsichtlich der Karzinom- als auch in nicht unerheblichem Umfang der Sarkomentstehung bei den einzelnen Tierarten zurückzuführen sind, ist noch ungeklärt. Nur für einen Teil der Fälle können chronisch-entzündliche Einwirkungen (durch Parasiten oder mechanische Reize) als ursächliches Moment herangezogen werden.

Noch klarer treten diese Verhältnisse hervor, wenn man die Krebsfälle der einzelnen Tierarten *organweise* nach ihrer Häufigkeit anordnet, wie es auf Tabelle 13 für Mensch,

Tabelle 13. *Verteilung der Krebsfälle auf die einzelnen Organe bei Mensch, Pferd, Hund und Rind*

Mensch		Pferd	
Magen	33,0%	Penis	14,0%
Darm	12,0%	Mundhöhle	14,0%
Uterus	10,5%	Nebenhöhle d. Nase	13,5%
Haut	8,0%	Lidbindehaut	12,0%
Lunge	5,5%	Niere	5,0%
Mamma	5,5%	Harnblase	4,5%
Leber	4,5%	Haut	4,0%
Prostata	3,5%	Lunge	4,0%
Pankreas	2,5%	Darm	3,5%
Harnblase	2,5%	Vagina + Vulva	3,5%
	87,5%	Mamma	3,0%
			81,0%

Hund		Rind	
Schilddrüse	41,5%	Magen	13,5%
Mamma	14,0%	Haut	12,5%
Hoden	12,0%	Uterus	10,5%
Haut	9,5%	Lidbindehaut	9,0%
Leber	6,5%	Leber	8,0%
Mundhöhle	5,5%	Lunge	8,0%
Lunge	4,5%	Ovar	7,5%
	93,5%	Darm	6,0%
		Vagina + Vulva	3,5%
			78,5%

Pferd, Rind und Hund geschehen ist. Es zeigt sich hierbei in guter Übereinstimmung mit den Ergebnissen früherer Untersuchungen (DOBBERSTEIN: Pferd, Rind, Hund; COHRS,

Rose, Stünzi: Hund), daß diejenigen Organe, die schon früher für die betreffenden Tierarten als besonders stark vom Krebs betroffen ermittelt wurden, in unserer Aufstellung wieder in der Spitzengruppe erscheinen. Für das Pferd sind das die Nasenhöhle und Nebenhöhlen, der Penis, die Lidbindehaut, die Niere und die Mundhöhle. Beim Rinde wurden bisher die Lidbindehaut, die Haut, der Uterus und die Leber als häufiger befallene Organe ermittelt, während die Vormägen, speziell der Pansen mit 13,5 % in der vorliegenden Aufstellung weit stärker als in früheren Zusammenstellungen vertreten sind und an die erste Stelle aller Organe rücken. Beim Hunde schließlich steht die Schilddrüse mit 41,5 % weit an der Spitze, gefolgt von Mamma, Hoden, Haut und Leber.

Ein Vergleich mit den Zahlen beim Menschen zeigt wiederum die erheblichen Unterschiede, die hier auftreten. Die Magenkarzinome des Rindes, die zwar mit 13,5 % noch weit hinter dem Magenkarzinom beim Menschen mit 33,0 % zurückstehen, aber doch beim Rinde die erste Stelle unter allen Krebsen einnehmen, scheiden für einen Vergleich von vornherein aus, da es sich bei ihnen um Kankroide der kutanen Vormagenschleimhaut handelt. Es bleiben somit lediglich die Uteruskarzinome des Rindes, die mit *10,5* % die gleiche Frequenz wie beim Menschen zeigen und evtl. die Hautkarzinome des Hundes, die mit 9,5 % zahlenmäßig noch am ehesten den Hautkrebsen des Menschen (8,0 %) an die Seite gestellt werden können.

Tab. 14 bringt eine Aufteilung der *Karzinome des Respirationstraktus* nach einzelnen Organen (Nasenhöhle + Nebenhöhlen, Kehlkopf + Luftröhre und Lungen + Bronchien) bei Pferd, Rind und Hund im Vergleich mit dem Menschen. Es zeigt sich, daß *Nasenhöhle* und *Nebenhöhlen* beim Menschen und Rind ungefähr gleich häufig von Karzinomen befallen werden, während das gleiche Organ beim

Pferde etwa 30mal häufiger als beim Menschen Sitz krebsiger Veränderungen ist. Beim Pferde steht der Krebs der Nasenhöhle und ihrer Nebenhöhlen mit 13,6 % aller Karzi-

Tabelle 14. *Krebserkrankungen der Respirationsorgane in % aller Karzinome*

	Mensch	Pferd	Rind	Hund
Nasenhöhle und Nebenhöhlen .	0,4	13,6	0,3	1,6
Kehlkopf und Luftröhre	1,0	0,6	—	0,1
Bronchien und Lungen	4,6	3,8	7,8	4,4

nome an dritter Stelle (Tab. 13) unter den Krebsen dieser Tierart und beim Hund ist der Nasenhöhlenkrebs immer noch 4mal häufiger als beim Menschen. Worauf der ungewöhnlich starke Krebsbefall der Nasenhöhle und ihrer Nebenhöhlen beim Pferde zurückzuführen ist, ist noch völlig ungeklärt. An dem komplizierten Bau des Organes kann es nicht liegen, denn das Rind hat als Makrosmatiker genau so kompliziert gebaute Nebenhöhlen und trotzdem tritt bei ihm der Krebs der Nasenhöhle nur sehr selten auf.

Der Krebs des *Kehlkopfes* und der *Luftröhre* ist beim Pferd und Hund wesentlich seltener als beim Menschen, während er beim Rind bisher noch gar nicht nachgewiesen werden konnte. Zu einer guten Übereinstimmung kommen die Werte für das Bronchialkarzinom, die bei Mensch, Pferd und Hund um 4,0 % variieren, wenn man von dem höheren Wert beim Rind (7,8 %) absieht. Neuerdings werden allerdings für den Lungenkrebs des Menschen wesentlich höhere Zahlen angegeben (17—24 %), wie sie von keiner Haussäugetierart erreicht werden.

Ungleich schwieriger gestalten sich die Verhältnisse, wenn es sich darum handelt, die *Krebserkrankungen der männlichen Geschlechtsorgane* miteinander zu vergleichen. Hier spielt neben der Größe der Population auch noch das *Verhältnis* der *männlichen* zu den *weiblichen Tieren* eine ausschlaggebende Rolle. Soweit es sich um den Hodenkrebs handelt, kann man sogar nur die Zahl der nicht kastrierten männlichen Haustiere der Statistik zugrunde legen. Auf Tab. 15 ist versucht worden, zuerst einmal diese mitbe-

Tabelle 15
Krebserkrankungen der männlichen Geschlechtsorgane in % aller Karzinome

	Mensch	Pferd	Rind	Hund
Verhältnis ♂ : ♀ einschließlich Kastraten	1 : 1	1 : 1	1 : 10	♂ stark überwiegend
♂ ohne Kastraten Pferd = 1 (für Deutschland)	2600	1	35	208
♂ mit Kastraten Pferd = 1 (für Deutschland)	17	1	0,5	13
Karzinome der ♂ Geschlechtsorgane zusammen	4,1	20,2	1,6	14,0
davon: Hodenkrebs + Seminome	0,3	6,2 {1,0 / 5,2}	0,8 {0,5 / 0,3}	12,0 {2,9 / 9,1}
Prostata	3,5	—	—	1,4
Penis	0,3	14,0	0,8	0,6

stimmenden Faktoren zu klären. Danach ist das Verhältnis männlich zu weiblich (einschl. der Kastraten) bei Mensch und Pferd ungefähr 1:1, beim Rinde dagegen nur 1:10 und beim Hund überwiegt das männliche Geschlecht erheblich. Zu weit größeren Differenzen kommt man, wenn man lediglich die nicht kastrierten männlichen Individuen berücksichtigt. Es entfallen dann in Deutschland auf einen Hengst etwa 35 Bullen, 208 männliche Hunde und 2600 Männer. Erst wenn man diese Zahlen zugrunde legt, lassen sich die folgenden Angaben über die Häufigkeit der Krebserkrankungen der einzelnen Abschnitte des männlichen Genitalapparates richtig beurteilen. Danach ist der Hodenkrebs einschließlich der Seminome bei allen Haustieren wesentlich häufiger als beim Menschen, und zwar am häufigsten beim Hunde, bei dem der Hodenkrebs etwa 40mal häufiger als beim Manne zur Beobachtung gelangt. Im Gegensatz dazu konnte der Prostatakrebs unter den Haustieren nur beim Hunde ermittelt werden, bei dem er aber erheblich seltener als beim Menschen vorzukommen scheint. Daß das Prostatakarzinom beim Pferd und Rinde noch nicht beachtet wurde, hängt wohl in erster Linie mit der geringen Zahl der nicht kastrierten Individuen zusammen; beim Bullen kommt noch hinzu, daß die Tiere fast ausnahmslos lange vor Erreichung des Krebsalters geschlachtet werden. Das Peniskarzinom ist wiederum beim Pferd mit 14,0 % etwa 46mal häufiger als beim Menschen (0,3 %) und immer noch 23 bzw. 17mal so häufig als bei Hund und Rind.

Die Häufigkeit des Peniskarzinoms beim Pferde dürfte darauf zurückgehen, daß beim Kastraten Erektionen nur selten auftreten und daß sich deshalb in der Regel Smegmamassen in dem weiten und anatomisch noch besonders kompliziert gebauten Praeputialsack ansammeln und hier in Zersetzung übergehen.

Leider ist die Kasuistik der Krebserkrankungen unserer Haustiere zahlenmäßig noch immer unzureichend. Erst wenn wesentlich mehr Fälle gesammelt worden sind, dürfte sich die jetzt schon hervortretende Tatsache noch eindeutiger bemerkbar machen, daß es bei jeder Tierart ganz bestimmte Organe sind, die vom Krebs besonders häufig befallen werden. Diese bei den verschiedenen Tierarten jeweils auf bestimmte Organe beschränkte besonders hohe Disposition für die Ausbildung von Karzinomen ergibt nach Dobberstein „eine bei jeder Tierart arteigentümliche Organfrequenz des Krebses". In ursächlicher Beziehung lassen sich hierfür bei den einzelnen Tierarten noch keine gemeinsamen Grundzüge erkennen. Bei gewissen Tierarten darf man mit einiger Wahrscheinlichkeit annehmen, daß die betreffenden Organe dauernden Reizen ausgesetzt sind, so daß es auf dem Boden chronischer Entzündungen schließlich zur Karzinomentwicklung kommt. Das dürfte z. B. für das Peniskarzinom des Pferdes und für die Kankroide sowohl des Pansens beim Rinde, als auch der Kankroide in der Regio oesophagea des Pferdemagens zutreffen.

Die Seltenheit des Adenokarzinoms am Magen unserer Haustiere könnte mit dem Fehlen des kallösen Magengeschwürs bei Tieren in Verbindung gebracht werden. Völlig ungeklärt ist die Seltenheit der *Darmkrebse* bei den Haussäugern. In den wenigen bisher festgestellten Fällen handelt es sich um Colonkrebse; der Mastdarmkrebs fehlt, wie bereits oben erwähnt, vollkommen. Die wenigen Fälle von Darmkrebs bei unseren Haustieren entfallen sowohl auf Herbivoren als auch auf Carnivoren. Ob der einzige Omnivore unter unseren Haustieren, nämlich das Schwein, mehr zur Darmkrebsbildung neigt, läßt sich noch nicht entscheiden, weil diese Tierart praktisch niemals das krebsfähige Alter erreicht. Die verschiedene Art der Ernährung kann für die Entwicklung des Darmkrebses nicht herangezogen werden, denn der Hund erhält in der Regel nach Zusammensetzung und Zubereitung die gleiche Nahrung wie der Mensch, er erreicht häufig ein wirkliches Greisenalter und trotzdem macht der Darmkrebs bei ihm nur 1,4 % aller Krebsfälle aus.

Vor der gleichen Schwierigkeit stehen wir, wenn wir die Gründe dafür angeben sollen, warum der *Uteruskrebs* bei Tieren, wenn man vom Rinde und vom Kaninchen absieht, so außerordentlich selten ist. Chronische Entzündungen der Gebärmutter sind bei manchen Haustierarten wie Rind und Hund mindestens genau so häufig wie beim Menschen. Es ist hierbei andererseits zu berücksichtigen, daß die Plazentation bei allen Haustieren, mit Ausnahme der Nagetiere, im allgemeinen nicht so tiefgreifende Veränderungen an der Uterusschleimhaut hervorruft wie beim Menschen. Auch die zyklischen Veränderungen dieses Organs sind bei unseren Haustieren nicht so intensiv. Was den *Brustdrüsenkrebs* anbetrifft, so ist er bei der alten Hündin sehr häufig, bei allen übrigen Haustieren dagegen sehr selten. Bei der Hündin treten Mammakarzinome etwa 3mal so häufig als beim Menschen auf. Hierbei ist aber wieder zu berücksichtigen, daß das Mammakarzinom des Hundes hinsichtlich seiner Morphologie und Pathogenese nicht mit dem Brustdrüsenkrebs des Menschen verglichen werden kann. Die bösartigen Neubildungen in der Mamma des Hundes entwickeln sich fast stets aus cystischen und papillären Adenomen, die nach längerem Bestehen zum Teil in Sarkome (meist Chondro- oder Osteosarkome), z. T. in Adenokarzinome übergehen. Auf die Parallelen zwischen den Mammamischtumoren der Hündin und den Parotismischtumoren des Menschen ist bereits früher hingewiesen worden (Dobberstein, Nieberle, Teutschlaender). Auch bei männlichen Hunden sind Mammatumoren wiederholt zur Feststellung gelangt. Bei allen anderen Haustieren, auch beim Rinde, gelangen Mammakrebse nur sehr selten zur Feststellung. Das ist um so auffälliger, da die Mamma gerade beim Rinde einer abnorm großen Beanspruchung ausgesetzt ist und ferner sehr häufig von akuten und chronischen Entzündungen befallen wird.

Desgleichen läßt sich für die so häufige Entstehung von Neubildungen, meist maligner Natur, in der *Nasenhöhle* einschließlich ihrer Nebenhöhlen und in der Mundhöhle beim Pferde, sowie für die ebenfalls sehr häufige Karzinombildung an der *Lidbindehaut* bei Pferd und Rind zur Zeit noch keine befriedigende Begründung geben. Systematische Untersuchungen der betreffenden Organe auf das Vorkommen chronisch-entzündlicher oder sonstiger praekanzeröser Veränderungen erschienen dringend erwünscht. Von Interesse dürfte es ferner sein, Untersuchungen über das Vorkommen von Gewebsmißbildungen, wie sie in der Humanpathologie Feyrter für den Darm und Apitz für die Niere durchgeführt haben, auch an den oben genannten Organen unserer Haustiere vorzunehmen.

Die Bevorzugung bestimmter Organe hinsichtlich der Geschwulstbildung beschränkt sich übrigens nicht nur auf den Krebs. Es läßt sich vielmehr feststellen, daß Organe, die bevorzugt von Karzinom befallen werden, auch verhältnismäßig häufig Sitz von Tumoren anderer Art sind. Um für diese Frage einige Beispiele zu geben, wurde auf Tab. 16 für

Tabelle 16. *Besonders häufig von Geschwülsten befallene Organe*

Hund Haut und Unterhaut: 451 = 22,4 % aller Geschw.		*Pferd* Nasenhöhle und Nebenhöhlen: 162 = 11,1 % aller Geschw.		*Schwein* Niere: 75 = 38,4 % aller Geschw.	
Sarkome	36,9%	Karzinome	43,3%	Mischgeschwülste	64,1%
gutartige Rundzell. Sark.	18,5%	Sarkome	30,2%	Sarkome	17,4%
Karzinome	14,2%	Fibrome	10,0%	Karzinome	12,0%
Adenome	11,0%	Osteome	8,7%	Adenome	5,4%
Haemangiome	5,1%	Myxome	1,2%	Haemangiome	1,4%
Melanome	4,4%	Chondrome	1,2%		
Lipome	2,7%	Haemangiome	1,2%		
Fibrome	2,4%	Mischgeschwülste	1,2%		
Papillome	1,5%	Teratome	1,2%		
Myxome	0,5%	Lipome	0,6%		
Osteome	0,2%	Karzinosarkome	0,6%		

je ein stark von Geschwülsten frequentiertes Organ, nämlich die Haut + Unterhaut beim Hund, die Nasenhöhle + Nebenhöhlen beim Pferd und schließlich die Niere beim Schwein, der Anteil der einzelnen Geschwulstformen zusammengestellt. Als gemeinsames Merkmal ist zunächst wiederum ein Überwiegen der malignen Formen festzustellen. So machen beim Hunde, auch wenn man die gutartigen Rundzellensarkome unberücksichtigt läßt, die Karzinome zusammen mit den Sarkomen 51,1 % der Hautgeschwülste aus. Für die Nasenhöhle beim Pferde sind es sogar 73,5 % und in der Niere beim Schwein entfallen unter Einbeziehung der Mischgeschwülste (Adenosarkome) 93,5 % auf die bösartigen Neubildungen. Auffällig ist auch die hohe Beteiligung der Sarkome an den Geschwülsten in der Haut des Hundes. Von Bedeutung ist ferner der starke Anteil der malignen

Mischgeschwülste in der Niere des Schweines, weil dies unzweifelhaft mit der Häufigkeit der Mißbildungen beim Schwein im allgemeinen und speziell in diesem Organ in Verbindung gebracht werden kann. Von den gutartigen Geschwülsten sind die Adenome beim Hund (11,0 %) zu erwähnen; sie nehmen von den Talgdrüsen ihren Ausgang. In der Nasenhöhle des Pferdes liefern schließlich noch die Fibrome und die Osteome mit 10,0 bzw. 8,7 % beachtliche Zahlen.

Tab. 17 gibt einen Überblick über die Geschwülste der männlichen Geschlechtsorgane bei Pferd, Rind und Hund

Tabelle 17. *Geschwülste der männlichen Geschlechtsorgane*

	Testis 229 Tumoren			Penis 156 Tumoren			Mensch	
	Pfd.	Rd.	Hd.	Pfd.	Rd.	Hd.	Test.	Pen.
Gesamtzahl absolut und in % aller Geschwülste	99 6,8	17 1,4	113 5,6	113 7,8	28 2,2	15 0,7	297 nach GREILING	
Davon in % der Hoden — bzw. Penisgeschwülste								
gutart. Geschwülste d. Stützsubstanzen	9,0	11,8	0,9	15,1	—	13,4	2,4	
Sarkome	21,3	53,0	19,5	11,5	3,8	40,0	27,5	
Leiomyome	1,0	—	—	—	—	—	—	
gutartige Epithelgeschwülste . .	—	—	1,8	10,6	85,5	20,0	2,7	
Karzinome und Seminome . . .	31,5	17,6	77,0	65,7	10,7	—	33,4	
Teratome	36,5	17,7	0,9	—	—	—	21,5	
Zwischenzelltumoren	1,0	—	3,6	—	—	—		

unter Berücksichtigung des Anteils der einzelnen Geschwulstformen, im Vergleich zu den Verhältnissen beim Menschen. Die gutartigen Geschwülste des Stützgewebes sind, mit Ausnahme der Zahl für den Hoden beim Hund (0,9 %), die noch weit unterhalb der Zahl für den Menschen (2,4 %) liegt, ziemlich gleichmäßig vertreten. Sie variieren zwischen 10,0 bis 15,0 %, wobei der höchste Wert mit 15,1 % auf den Penis beim Pferd entfällt. Sarkome wurden besonders häufig am Hoden des Rindes festgestellt (53,0 %), während die Zahlen für das Pferd und den Menschen mit 21,3 bzw. 27,5 % etwa um die Hälfte niedriger liegen. Häufig werden Sarkome ferner noch am Penis des Hundes (40,0 %) festgestellt. Bei den gutartigen epithelialen Geschwülsten liefert das Rind mit 85,5 % Penisgeschwülsten einen außerordentlich hohen Anteil, der aber auch hier wieder auf die infektiösen Papillome zurückzuführen sein dürfte. Bei Pferd und Hund sind die Penispapillome mit 10,6 bzw. 20,0 % dagegen seltener, doch kommt ihnen beim Pferde wegen ihrer Neigung zu karzinomatöser Entartung eine besondere Bedeutung zu. Die Karzinome zusammen mit den Seminomen machen beim Hunde mit 77,0 % etwa $^3/_4$ aller Hodengeschwülste aus, während sie bei Pferd und Mensch mit 31,5 und 33,4 % ziemlich übereinstimmende Werte ergeben. Erwartungsgemäß ist das Peniskarzinom des Pferdes mit einem hohen Anteil (65,7 %) vertreten. Interessanterweise steht das Pferd hinsichtlich der Hodenteratome an erster Stelle, wobei die Teratome mit 36,5 % die häufigste Geschwulstform am Hoden des Pferdes überhaupt sind. Eine gewisse Bedeutung darf wohl auch der Tatsache zugemessen werden, daß Hodengeschwülste beim Pferd im allgemeinen, speziell aber Teratome, besonders häufig bei Kryptorchiden festgestellt worden sind. Echte Zwischenzellentumoren dürften bei unseren Haustieren sehr selten sein. In einem nicht unerheblichen Teil der bisher beschriebenen diesbezüglichen Fälle handelt es sich um Hyperplasien der Zwischenzellen und nicht um echte Geschwülste.

Als weiteres Beispiel für die je nach der Tierart sehr wechselnde Häufigkeit von Geschwülsten seien die *Nebennieren-*

tumoren der Haustiere angeführt. Es kann keinem Zweifel unterliegen, daß die Nebenniere der Wiederkäuer (Rind und Schaf) in höherem Maße als bei allen übrigen Haussäugern zur Geschwulstbildung neigt. Die von der Rinde ausgehenden Geschwülste sind bei vielen Tierarten mit Ausnahme des Pferdes überwiegend bösartig; bei den Geschwülsten des Nebennierenmarks handelt es sich vorwiegend um Phaeochromoblastome und Phaeochromozytome. Beim Hunde sind echte Geschwülste der Nebenniere sehr selten; lediglich akzessorische Rindenknötchen werden bei älteren Hunden häufig beobachtet.

Wir können daher zusammenfassend sagen, daß das was oben bereits für die Karzinome ausgeführt wurde, auch für andere Geschwülste gilt. Jede Tierart weist in bezug auf die Häufigkeit des Geschwulstbefalles gewisse Arteigentümlichkeiten auf, die darin bestehen, daß bestimmte Organe wesentlich häufiger als bei anderen Tierarten zur Geschwulstbildung neigen. Nur in einem Teil der Fälle läßt sich diese Häufigkeit bestimmter Geschwülste auf äußere Einwirkungen (chronische Reize) mit einiger Wahrscheinlichkeit zurückführen. In vielen Fällen sieht man sich aber zu der Annahme gezwungen, daß eine im anatomischen Bau oder in der Funktion des Organs beruhende Ursache den Anlaß zu der gehäuften Geschwulstentstehung geben dürfte.

Die Geschwülste sind Erkrankungen, die in der ganzen Wirbeltierreihe vom Fisch bis zum Säugetier und zum Menschen vorkommen. Sie stellen keine Kultur- und Domestikationskrankheiten dar, denn sie sind auch häufiger schon bei wildlebenden Tieren festgestellt worden. Es handelt sich ferner bei den Geschwülsten um eine entwicklungsgeschichtlich sehr alte Krankheitsgruppe, da sie schon bei den niedrigsten Wirbeltieren, den Fischen, auftreten.

Das uns heute zur Verfügung stehende Material reicht aber noch nicht aus, um eine befriedigende Gesamtdarstellung der Geschwülste der Säugetiere, noch viel weniger eine solche der Wirbeltiere ganz allgemein zu geben. Es wird Aufgabe der vergleichenden Onkologie sein, auch weiterhin zuerst einmal alle einwandfrei untersuchten Fälle sorgfältig zu sammeln, zu sichten und zusammenzustellen. Erst die Betrachtung der Geschwülste vom Standpunkt der vergleichenden Pathologie aus kann eine Reihe heute noch umstrittener Fragen einer Klärung näher bringen. Die Untersuchung der Geschwülste einer einzigen Art — also z. B. des Menschen — kann niemals zu einer restlosen Klärung der Fragen der Geschwulstpathologie führen.

Literaturverzeichnis

1 ABEL, W., Ztschr. f. Krebsf. 1948/50, *56*, S. 36.
2 ABELS, H., Diss. Berlin 1928
3 ACHILLES, A., Diss. Leipzig 1907.
4 ADAMEK, W., Diss. Berlin 1934.
5 APITZ, K., Virch. Arch. 1944, *311*, S. 285.
6 AULER, H. u. O. WERNICKE, Ztschr. f. Krebsf. 1932, *35*, S. 1.
7 BALL, V. et GIRARD, Rev. Vét. 1936.
8 BASHFORD, E. a. I. MURRAY, Scientif.Rep. of Canc. Res. Fund, London 1904
9 BECK, K., Diss. Leipzig 1922.
10 BLACK, M. B., Arch. of Path. 1949, *48*, S. 85.
11 BRAEMER, CH., Diss. Berlin 1951.
12 BRAUN, O., Diss. Leipzig 1933.
13 BREUER, M., Tierärztl. Rdsch. 1926, S. 732, 773, 809.
14 BRUGE, G., Diss. Paris 1946.
15 BRUNS, E., Diss. Berlin 1943.
16 BUDNOWSKI, Ztschr. f. Vet.-Kde. 1903, *15*, S. 417.
17 BÜCK, G., Diss. Lyon 1930.
18 BÜKER, W., Diss. Hannover 1940.
19 CADIOT, Asselin et Houzeau, Paris 1899.
20 CADIOT, Rec. Méd. Vét. 1907, *84*, S. 5.
21 CASPER, M., Wiesbaden 1899.
22 CHEVKI, A., Berl. tierärztl. Wchschr. 1928, *50*, S. 856.
23 CLAASSEN, P., Dtsch. tierärztl. Wchschr. 1936, S. 405.
24 COCCHI, U., Radiologica clin. 1941, *10*, S. 231.

[25] COHRS, P., Ztschr. f. Krebsf. 1927, *24*, S. 156.
[26] COHRS, P.Berl. tierärztl. Wchschr. 1927, *43*, S. 73.
[27] COHRS, P., Tierärztl. Rdsch. 1927, S. 739.
[28] COLLIGNON, H., Diss. Lyon 1936.
[29] COURTEAU, CH., Diss. Alfort 1935.
[30] DAY, L. E., 24. Ann. Rep. Bur. of anim. ind. 1907, S. 247.
[31] DECARIS, V., Diss. Lyon 1934.
[32] DEVALLIÈRE, G., Diss. Lyon 1935.
[33] DEXLER, H., Prag. Arch. f. Tiermed. 1930, Jg. *10*, Teil A, S. 85.
[34] DIETRICH, M., Diss. Berlin 1947.
[35] DIONET, M., Diss. Lyon 1931.
[36] DOBBERSTEIN, J., Berl. tierärztl. Wchschr. 1937, S. 100.
[37] DOBBERSTEIN, J., Arch. Geschw.forsch. 1949, *1*, S. 54.
[38] DOBBERSTEIN, J. u. D. MATTHIAS, Arch. Tierhkd. 1942/44, *78*, S. 18.
[39] VAN DORSSEN, J., Diss. Bern 1903.
[40] DUDZUS, G., Diss. Berlin 1943.
[41] EBER, A. und KRIEGBAUM, Ztschr. f. Krebsf. 1916, *15*, S. 404.
[42] ELTER, K., Diss. Wien 1934.
[43] EROMS, H., Dtsch. tierärztl. Wchschr. 1941, S. 337.
[44] EWALD, O., Ztschr. f. Krebsf. 1916, *15*, S. 85.
[45] EYER, P., Diss. Paris 1929.
[46] FARDEAU, G., Diss. Paris 1931.
[47] FELDMAN, W., Amer. J. of Pathol. 1928, *4*, S. 125.
[48] FELDMAN, W., J. of Canc. Res. 1930, *14*, S. 116.
[49] FELDMAN, W., Amer. J. Canc. 1931, *15*, S. 2044.
[50] FELDMAN, W., Philadelphia 1932.
[51] FERRET, A., Diss. Lyon 1930.
[52] FEYRTER, F., Beitr. path. Anat. 1931, *86*, S. 663.
[53] FEYRTER, F., Virch. Arch. 1934, *293*, S. 509.
[54] FEYRTER, F., Ergeb. Path. 1934, *29*, S. 305.
[55] FISCHER, W., Ztschr. f. Krebsf. 1940, *49*, S. 496.
[56] FÖLGER, A. F., Ergeb. Path. 1917, Jg. *18*, II. Abt., S. 372.
[57] FÖLGER, A. F., Monh. f. prakt. Tierhkd. 1909, *20*, S. 145.
[58] FONTAINE, P., Diss. Toulouse 1938.
[59] FOX, H., J. Pathol. a. Bact. 1912, *17*, S. 217.
[60] FREESE, W., Dtsch. tierärztl. Wchsch. 1926, S. 423.
[61] FREESE, W., Dtsch. tierärztl. Wchschr. 1929, S. 769.
[62] FREUNDLICH, W., Arch. Tierhkd. 1924, *50*, S. 477.
[63] FREY, R., Zit. nach BAUER, K. H., Springer-Verlag 1949.
[64] FREY, E. K., Dtsch. med. Wchschr. 1950, *75*, S. 29.
[65] GODGLÜCK, G., Monh. f. Vet.-Med. 1948, S. 148.

[66] GODGLÜCK, G., Monh. Vet.-Med. 1950, S. 42.
[67] GOTTSCHALK, A., Diss. Hannover 1938.
[68] GREMME, E., Diss. Hannover 1935.
[69] GRÜN, K., Diss. Berlin 1936.
[70] GÜNZEL, F., Diss. Hannover 1931.
[71] HARMS, E., Arch. Tierhkd. 1913, *39*, S. 553.
[72] HARTIG, N., Diss. Gießen 1934.
[73] HERDEGEN, Ztschr. f. Vet.-Kd. 1937, *49*, S. 30.
[74] HIERONYMI, E. u. BRACHETKA, Arch. Tierhkd. 1942, *77*, S. 254.
[75] JAEGER, A., Virch. Arch. 1909, *198*, S. 1.
[76] JAEGER. A., Virch. Arch. 1910, *199*, S. 82.
[77] JAKOB u. VEENENDAAL, Tierärztl. Rdsch. 1926, S. 116.
[78] JENNY, J., Diss. Zürich 1945.
[79] JENSEN, M., Tierärztl. Rdsch. 1929, S. 750.
[80] JOEST, E. u. S. ERNESTI, Ztschr. f. Krebsf. 1916, *15*, S. 1.
[81] KÄRNBACH, K., Vlg. Schötz, Berlin 1909.
[82] KLAWITTER, Diss. Leipzig 1907.
[83] KLIEM, E., Diss. Dresden-Leipzig 1910.
[84] KÖNIG, A., Berl. tierärztl. Wchschr. 1937, S. 287.
[85] KRAUSE, C., Ergeb. Path. 1939, *34*, S. 226.
[86] KÜST, D., Diss. Berlin 1912.
[87] LABRUNE, P., Diss. Lyon 1938.
[88] LAFFOLAY, B., Diss. Paris 1946.
[89] LASZLÓ, F., Dtsch. tierärztl. Wchschr. 1941, S. 328.
[90] LEGER, D., Diss. Lyon 1931.
[91] LEONHARDT, H., Diss. Hannover 1941.
[92] LIESS, J., Dtsch. tieräztl. Wchschr. 1934, S. 521.
[93] LINGENBERG, Diss. Gießen 1912.
[94] LOMBARD, CH., Diss. Lyon 1927.
[95] LORENZ, W., Diss. Hannover 1938.
[96] LOTTERMOSER, E., Diss. Berlin 1925.
[97] LUCKÉ, B. u. H. G. SCHLUMBERGER, Physiol. Rev. 1949, *29*, S. 91.
[98] LUND, L., Berl. tierärztl. Wchschr. 1924, S. 234.
[99] LUND, L., Dtsch. tierärztl. Wchschr. 1925, S. 281.
[100] LYDING, Berl. tierärztl. Wchschr. 1909, S. 68.
[101] MAGNUSSON, H., Ztschr. f. Krebsf. 1916, *15*, S. 212.
[102] MAKOWER, L., Diss. Paris 1931.
[103] MANDON, A., Diss. Paris 1935.
[104] MATTHIAS, D. u. G. SCHÜTZLER, Virch. Arch. 1942, *308*, S. 243.
[105] MERCHANT, I. A., Vet. Bact. a. Virol., Iowa State College Press, 4th Ed., 1950, S. 752.

106 MEYER, W., Diss. Leipzig 1910.
107 M'FADYEAN, J., J. of comp. Path. a. Therap. 1899, *12*, S. 137.
108 MILKS, J. a. P. OLAFSON, Corn. Vet. 1936, *26*, S. 159.
109 MÖLLER-SÖRENSEN, Mschr. f. prakt. Tierhkd. 1918, *29*, S. 356.
110 MÖLLMANN, L. H., Ztschr. f. Vet.-Kd. 1928, *40*, S. 338.
111 MÜLLER, E., Diss. Leipzig 1936.
112 MULLIGAN, R. M., Arch. of Path. 1948, *45*, S. 216.
113 MURRAY, I., Scientif. Rep. of Canc. Res. Fund. London 1908.
114 NIEBERLE, K., Ztschr. f. Krebsf. 1933, *39*, S. 113.
115 NIERMANN, W., Diss. Hannover 1935.
116 PALLASKE, G., Arch. f. Tierhkd. 1935, *69*, S. 51.
117 PAVLOVITCH, J., Diss. Bern 1921.
118 PÉCHENARD, M., Diss. Paris 1926.
119 PENTIMALLI, F., Ztschr. f. Krebsf. 1916, *15*, S. 111.
120 PETIT, G., Rec. Méd. Vét. 1910.
121 PEYRON, A., C. r. Acad. Sci. Paris 1939, *209*, S. 261.
122 POINSOT, L., Diss. Lyon 1934.
123 PUSCHMANN, Diss. Leipzig 1912.
124 QUARANTE, Diss. Alfort 1936.
125 REINUS, B., Diss. Berlin 1931.
126 REITSMA, K., Diss. Utrecht 1929.
127 RIEMER, H., Diss. Leipzig 1939
128 ROGER, Diss. Toulouse 1930.
129 ROSE, F., Diss. Hannover 1948.
130 ROY, P., Diss. Lyon 1938.
131 RÜSCHER, W., Arch. Tierhkd. 1932, *64*, S. 29.
132 RUNNE, H.-J., Arch. Geschw.forsch. 1950, *2*, 219.
133 SARRAZIN, P., Diss. Lyon 1933.
134 SCHLEGEL, M., Berl. tierärztl. Wchschr. 1903, S. 225.
135 SCHLEGEL, M., Berl. tierärztl. Wchschr. 1908, S. 777, 794, 821.
136 SCHLEGEL, M., Berl. tierärztl. Wchschr. 1912, S. 945.
137 SCHLEGEL, M., Berl. tierärztl. Wchschr. 1914, S. 705.
138 SCHLEGEL, M., Berl. tierärztl. Wchschr. 1915, S. 589, 604.
139 SCHLEGEL, M., Berl. tierärztl. Wchschr. 1920, S. 529.
140 SCHLEGEL, M., Berl. tierärztl. Wchschr. 1925, S. 556.
141 SCHLEGEL, M., Berl. tierärztl. Wchschr. 1933, S. 147.
142 SCHLEGEL, M., Berl. tierärztl. Wchschr. 1933, S. 211.
143 SCHMAL, W., Arch. Tierhkd. 1942/44, *78*, S. 56.
144 SCHOLER, P., Ztschr. f. Krebsf. 1916, *15*, S. 193.
145 SCHÜRMANN, E., Virch. Arch. 1928, *270*, S. 51.
146 SCHÜTZ, W., Dtsch. med. Wchschr. 1901, Ver. Beil. S. 240.

147 Schulz, F. H. u. F. H. Riessbeck, Arch. Geschw.forsch. 1951, *3*, S. 114.
148 Seifried, O., Verl. Bergmann, München 1927.
149 Seubert, F. A., Diss. Gießen 1915.
150 Sjolte, I. P., Virch. Arch. 1944, *312*, S. 35.
151 Sonderhauser, M., Diss. München 1921.
152 Steckenborn, Ch., Diss. Hannover 1933.
153 Steinke, P., Frankf. Ztschr. f. Path. 1910, *5*, S. 167.
154 Stenzel, W., Arch. Tierhkd. 1903, *29*, S. 165.
155 Stephan, L., Diss. Gießen 1909.
156 Sticker, A., Arch. f. klin. Chir. 1902, *65*, S. 616, 1023.
157 Stilling u. Beitzke, Virch. Arch. 1913, *214*, S. 358.
158 Stockmayer, W., Berl. tierärztl. Wchschr. 1930, S. 581.
159 Stünzi, H., Diss. Uppsala 1948.
160 Sülzner, K. A., Diss. Hannover 1935.
161 Tappenbeck, W., Diss. Hannover 1947.
162 Testu, H., Diss. Lyon 1934.
163 Teutschlaender, O., Ztschr. f. Krebsf. 1920, *17*, S. 285.
164 Thirot, J., Diss. Lyon 1937.
165 Thomas, Rapp. de l'Inst. vétér. du Sud de l'Afrique, XV. Rapp. 1931.
166 Tivollier, A., Diss. Lyon 1935.
167 Trotter, J. of comp. Pathol. a. Therap. 1911, *29*, S. 1.
168 Valenta, S., Arch. Tierhkd. 1911, *37*, S. 419.
169 Vermeulen, Berl. tierärztl. Wchschr. 1919, S. 341.
170 Voirin, V., Berl. tierärztl. Wchschr. 1910, S. 349.
171 Weyel, W., Dtsch. tierärztl. Wchschr. 1936, S. 550.
172 Wilmes, H., Dtsch. tierärztl. Wchschr. 1935, S. 308.
173 Wilmes, H., Ztschr. f. Infekt. Krankh. d. Hst. 1938, *52*, S. 328.
174 Wirtz, P., Diss. Berlin 1937.
175 Wolff, P., Jena 1913.

Bei Fragen zur Produktsicherheit wenden Sie sich bitte an:
If you have any questions regarding product safety,
please contact:

Walter de Gruyter GmbH
Genthiner Straße 13
10785 Berlin
productsafety@degruyterbrill.com